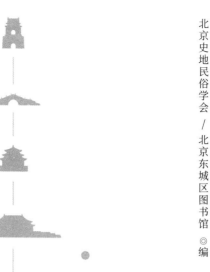

北京史地民俗学会 / 北京东城区图书馆 ◎ 编

北京中轴线史话

云 游 中 轴 线 ● 纵 观 八 百 年

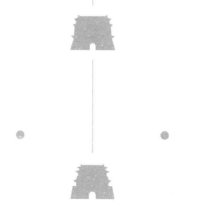

团结出版社

图书在版编目（ＣＩＰ）数据

北京中轴线史话 / 北京史地民俗学会，北京东城区
图书馆编 . —北京：团结出版社，2023.4
　　ISBN 978-7-5126-9908-3

　　Ⅰ.①北… Ⅱ.①北… ②北… Ⅲ.①建筑史－北京
Ⅳ.① TU-092.91

中国版本图书馆 CIP 数据核字 (2022) 第 229331 号

出　版：团结出版社
　　　　（北京市东城区东皇城根南街 84 号 邮编：100006）
电　话：（010）65228880　65244790（出版社）
　　　　（010）65238766　85113874　65133603（发行部）
　　　　（010）65133603（邮购）
网　址：http://www.tjpress.com
E-mail: zb65244790@vip.163.com
　　　　tjcbsfxb@163.com（发行部邮购）
经　销：全国新华书店
印　装：天津盛辉印刷有限公司

开　本：146mm×210mm　32 开
印　张：8.625
字　数：133 千字
版　次：2023 年 4 月　第 1 版
印　次：2023 年 4 月　第 1 次印刷

书　号：978-7-5126-9908-3
定　价：48.00 元

目　录

中轴线文化渊源

（朱祖希　北京地理学会原副理事长）

一、北京城中轴线的形成

二、都城中轴线演进的轨迹

三、北京城中轴线的文化渊源

城市，作为人类文明的象征，既是某一地域各文化圈文化能量的集结地，同时也是该地域文化能量的辐射中心。而作为城市最高形式的都城，更是一个国家文化网络的中心。

北京作为社会主义中国的首都，作为中国封建社会最后几个朝代的首都所在地，无论是其宫殿建筑还是山川园林都展现着中华文化的魂魄，流淌着时代特有的神韵，而北京城中轴线就是其集大成者。

当我们在阳光明媚、碧空如洗的日子里，登上景山之巅，站在万春亭中极目四顾的时候，都会看见一幅波澜壮阔、至为壮丽的图景：金光闪烁的紫禁城，在难以胜数的略呈灰暗、低矮的四合院和苍翠树荫的衬托下，构成了一幅华美雄浑的图案。

平面外形呈"凸"字形的北京城，是由北半部的内城和南半部的外城组合而成的。故宫是内城的核心。整个北京城就是围绕着这个中心来部署的——紫禁城、皇城、内城、外城，形成层层拱卫的"回"字形格局。而由南而北贯通全城的便是一条长达 7.8 千米的轴线。北京独有的壮美秩序，前后起伏、左右对称的体形环境和建筑物的空间分配，都是以这条中轴线为基准展开的。

一、北京城中轴线的形成

"轴"原是指车轴，或是指其他转动着的机件围绕着某一根立轴转动。也有人把平面或立面分成互相对称的两部分的直线，称之为"中轴"。后来，又有人把此引申为"中轴线"。所以，"中轴线"是城市规划师、建筑师在城市规划、建筑设计中常用的一个术语，意为建筑物、建筑群，乃至整个城市以之为基准的中心线。这条中心线就是我们平常所说的"中轴线"。

北京城从南端的永定门到北面的钟鼓楼，这条贯穿全城的中轴线，就像是一个"合页"中间的"轴"。"中轴突出、两翼对称"是北京城城市格局的最大特色。

我们今天所见到的北京城中轴线，肇始于元，而形成于明。

元至元元年（1264），成吉思汗的孙子忽必烈称"汗"，即元世祖。元初，都城在开平（今内蒙古自治区多伦附近）。但是，随着政治重心的南移，原燕京的地位也日趋上升。特别是他胸怀灭亡南宋、统一中国的雄才大略，将其都城南移的愿望也日益强烈。元至元三年（1266），忽必烈派刘秉忠来燕京相地。后决定放弃燕京旧城，而在其东北郊以原金代的离宫——大宁宫（琼华岛）为中心兴建新都，即元大都。

当时，为了把琼华岛周围的天然湖泊全都揽入城内，便确定了湖泊东延的最远点，即今万宁桥（后门桥）。并以此地为基准点，形成南北延长的规划建设中轴线，即后来从南端的丽正门到中心阁的南半城的中轴线，并把大内（宫城）建于其上，与湖泊两岸的另两组建筑——南面的隆福宫、北面的兴圣宫，形成"三宫鼎峙"的态势。在这条规划建设的中轴线的北端，即从中心阁往西129米处，又有一条控制北城的中分线，其南端建有钟楼、鼓楼二楼（这就是后来的旧鼓楼大街）。

明成祖朱棣夺取王位之后，决定迁都北平。其间虽有拆除元故宫的行动，却继承了元大都都城的规划，建设中轴线，并把钟楼、鼓楼二楼迁建到中轴线的北端，拆毁元朝延春阁，并

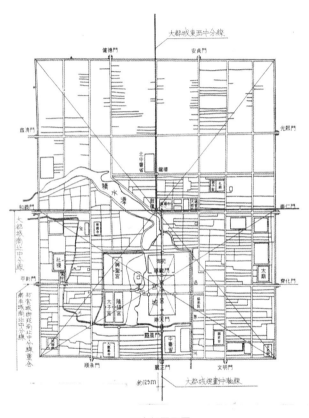

元大都平面图

在故址上堆砌万岁山（清改称景山）。嘉靖年间增建外城，不仅

使北京城的平面格局形成了历史上独一无二的"凸"字形，从

而也形成了南起永定门、北至钟鼓楼这样一条长达 7.8 千米的北

京城中轴线，并为清代所继承。

新中国成立之后，定都北京，原先业已存在的中轴线，不仅被全盘地继承下来，而且还有了创造性的发展。其中对天安门广场的改造便是最好的见证。

天安门广场在历史上曾是封建统治者的宫廷广场。据史书记载，对于宫廷广场很早就出现在封建帝都的规划建设之中。但是新中国成立之后，天安门广场已经成了人民群众集会的政治性广场，即成了"人民当家做主"，表达人民意愿的标志性广场。旧日封闭性的宫廷广场自然难以满足人民群众集会的需求。因此，新中国成立后，在天安门城楼两侧增建观礼台的同时，将原先封闭的宫墙，还有分列于东西两侧的长安左门、长安右门相继拆除。1958 年 5 月在广场的中央矗起了高崇的人民英雄纪念碑；同年 8 月党中央、中央人民政府又决定扩建天安门广场，并形成以拓宽东、西长安街为两翼，面积达 40 多公顷的 "T" 形广场。广场的东西两侧建起了庄严雄伟、具有民族风格的现代大建筑——人民大会堂、中国革命历史博物馆，从而使广场呈现出了空前未有的磅礴气势。相比之下，紫禁城这座旧日突出于全城中轴线上的古建筑群，尽管仍是那样的金碧辉煌，但已退居到了类似广场"后院"的次要地位。

1990年北京迎来了第11届亚运会。当时的亚运村和国际奥林匹克体育中心就修在北京城中轴线的南北延长线上。中国科学院院士、历史地理学家、北京大学教授侯仁之先生认为，这是一个具有划时代意义的举动。因为它一反中国历史上宫殿建筑都要"面南而王"，中轴线也总是向南发展的传统。这标志着中国在改革开放中，正在走向国际、面向全世界。

2007年奥林匹克公园的修筑又与亚运村融为一体。它既是北京城中轴历史文脉的延续与发展，也是中华民族传统文化的延续与发展。奥林匹克公园的选址与古都文脉的有机结合，充分体现了"人文奥运"的理念。

二、都城中轴线演进的轨迹

考古发掘业已证明，在我国古代"城"与"国"往往合为一体，一城即一国。公元前 21 世纪（即距今 4000 多年前）中国历史上第一个朝代——夏朝的建立，标志着奴隶制国家的诞生。商初都亳城，建于今河南偃师。其城周长 5330 米，内有宫城；宫城正门与郭城南门遥相呼应，成为统领全城的南北中轴线。此乃迄今所见中国古代都城规划建设采用中轴线对称布局的最早实例。

商朝的都城曾经历数次迁徙，而最后的 273 年间则建都于殷，即今河南省安阳小屯村一带。其宫室是陆续兴建的，并且是以单体建筑沿着与子午线大体一致的纵轴线，有主有从地组合成较大的建筑群。或者，在我国封建社会时期宫室建筑常用前殿、后寝，并沿轴线纵深对称布局的方法，在奴隶制的商朝后期宫室建设中就已经略显雏形了。

成书于春秋时期的《周礼·考工记》记载了周王城制度："匠人营国，方九里，旁三门，国中九经九纬，经涂九轨，左祖右社，面朝后市。"现存的春秋战国时期古城遗址，如晋侯马、燕下都、赵邯郸等，都已有了在中轴线上筑以宫室为主体的建筑群，两侧再布以整齐规划的街道，与《周礼·考工记》所载的王城制度大体相符。

汉初所传的《周礼》中还记述了周宫室的外部有用以防御和揭示政令的阙，且设有五门（皋门、应门、路门、库门、雉门）和处理政务的三朝（大朝、外朝、内朝），即所谓的"五门三朝制"。阙，在汉唐时依然使用，后来便逐渐演变成明清两朝的午门。所以，有人认为，"三朝五门制"也被后代附会沿用。

长安城是西汉的首都，是当时中国政治、文化和商业的中心，也是商周以来规模最大的城市。城的东、南、西、北各有三座城门。每门有三个门洞，各宽9米，与《周礼·考工记》所载的以车轨为标准来定道路的宽度基本相符。其中贯通全程南北的安门内大街宽约 50 米，长达 5500 米。其中央有宽 20 米的驰道，是专供皇帝出巡的。两侧有排水沟，沟外又有各宽 13 米的街道。

东汉洛阳城和曹魏的邺城（在安阳东北，漳水之阳）都继承了战国时的传统。建康（今南京）位于长江的东南岸，北接玄武湖，东北依偎在钟山之南。公元 317 年东晋奠都于此，实际上就是三国时代吴国建业的旧址。自此历经宋、齐、梁至公元 589 年陈亡，建康一直是中国南部各朝的都城。

建康城周长约 8900 米。南北长，东西略狭窄。南面设三座门，东、西、北各二门。宫城在城的北部，略偏东，正中的太极殿即是朝会正殿，并有大道向南延伸至朱雀门，再跨过秦淮河直抵南部，从而形成了以宫城为中心的南北轴线。

隋唐长安城的规划建设总结了汉末邺城、北魏洛阳城的经验，将太极宫（皇帝听政、居住的所在）和皇城置于全城的北端。承天门、朱雀门与全城的正南门——明德门所形成的宽约 150 米的中央大道（朱雀大街），即是统领全城的中轴线。然后再以纵横交错的棋盘式道路，将全城划为 108 个里坊。而其中心部分的布局，则依据左右对称的原则，并附会《周礼》的三朝制度——以宫城的正南门承天门为大朝，太极殿、西仪殿为日朝和常朝，沿轴线建门、殿数十座。整座城恢宏壮丽、气势磅礴。巍峨的宫殿建于龙首原高地。地形上的居高临下，使皇宫更加显出"皇权至上"的威严气势，也使整座长安城的建筑高低错落，增加了城的立体感，鲜明地体现出了政治主题。

公元 979 年，北宋结束了"五代十国"的分裂局面，建立了统一的中央集权的国家。其都城开封即东京，为我国重要的古都之一。其平面布局、城市面貌等既有对前代的继承，也有其独特的创造，且对后世影响颇大。

开封城的平面呈不规则的矩形，南北较长，东西略短。由内到外有三套城墙拱卫：中心为皇城，第二重为里城，最外一重为外城，且均有宽阔的城壕相环绕。尽管这三套城墙，三套护城河是逐渐扩建相继修筑的，但其宫城居中，层层拱卫的格局，亦为后世所效仿，如金中都城、元大都都城采用了这种布局形式。

整个东京城的平面布局东西两翼虽不呈对称的形式，但其自大内正南门（宣德门），过州桥，直奔里城正南门（朱雀门）、外城正南门（南薰门），这条宽达 300 米的御道，显然成了统领全城的中轴线。

公元 12 世纪初，金在占领了辽的陪都——南京城之后，又在天德五年（1153）正式迁都至南京，并扩其东、南、西三面，改称中都城。北京成为一代王朝的首都由此开始。整个中都城的规划建设完全是以北宋汴梁（开封）的制度，将南京城改、扩建而成的。城中有一条南起外廓城的正南门丰宜门，北上过龙津桥，进皇城南门宣阳门、千步廊，进宫城南门应天门、大安门、大安殿、仁政殿、出拱宸门，直达北端的通玄门。从金中都城的复原图可以看出其整体布在中轴线的东西两侧并不对称，但仍遵循"中轴突出，两翼对称"的原则，并被后世继承。

元大都都城和明清北京城规划建设中轴线的形成，已见于前文所述，此处不赘。

由上可以清楚地看到，北京中轴线承袭了中国都城规划建设近 4000 年的历史演进。或者说，我们今天所见到的政治主题鲜明，建筑序列跌宕起伏、错落有致的北京城中轴线，是中国数千年都城规划建设中轴线的最后总结，是其集大成者。

三、北京城中轴线的文化渊源

中国作为世界闻名的文明古国，地域辽阔，自然地理条件复杂而多样。各种文化区在中华大地上争妍竞秀，而且常常互相影响、相互渗透，交织成一幅瑰丽的图景，为后来独特灿烂的中华文明打下了厚实的基础。

中国新石器时代的文化是多元的。但考古研究又证明，中原华夏文化区在中华文明即将诞生之前，便已居于中华大地史前各文化区的核心地位，且奠定了它在未来作为中华文明发祥地的坚实基础。

地处北半球的黄河流域冬季受亚寒带季风气候的影响，寒冷而强劲的偏北风，袭击着黄河流域，气候寒冷的冬季要长达数月之久；在夏季则受来自东南太平洋的温暖而潮湿气流的影响，气候温和，甚至暑热蒸人。因之，房屋建筑面向正南自然是最适宜于人类居住的；北侧封闭，以抵御冬日凛冽的寒风；南侧开设门窗，既方便在冬季接受和煦的阳光，又利于夏日的空气流通。

如前所述，黄河流域最早的宫殿建筑便是背北而面南的。《周礼·天官》说："惟王建国，辨方正位。"《考工记》更明确地提出了王城建设的规划模式："匠人营国，方九里，旁三门；国中九经九纬，经涂九轨，左祖右社，面朝后市。"

在中国的远古时代，"天"似乎一直是一个摸不着、说不清、道不明，而又充满着神秘色彩的东西。由于天的变幻莫测，人世间的祸福，人的命运完全慑服于自然界的威力，进而敬畏自然，并将大自然降于人间的祸福，归结为某种神的力量。而在宇宙的"众神"之中，又有一个至高无上的主宰者——天帝。这个驾驭宇宙、领袖群伦的超自然的"天帝"，也自然成了中国文化寄寓的精神象征。正因为如此，无论是从人的主观角度，抑或是从大自然的客观角度而论，作为地处北半球，以农耕文明为显著特点的华夏大地，从它的原始形态文明开始，便与天结下了不解之缘。而对巍巍苍穹神秘力量的体悟、敬畏，乃至崇拜，又产生了华夏民族文化上某些亘古不变的原型。古人总是把天象的变化与人间的祸福联系起来，认为天象的变化预示着人事的变化和吉凶，乃至国家的兴亡。不仅如此，我们的祖先还从对天穹的观测中形成了这样的一种观念：天界是一个以帝星——北极星为中心，以四象、五宫、二十八宿为主干构成的庞大体系。天帝所居的紫微宫，位居五宫的中央，即"中宫"。满天的星斗都环绕着帝星，犹如臣下奉君，形成拱卫之势。《中庸》载："天道恒象，人事或遵。北极足以比圣，众星足以喻臣。紫宸（即紫微宫）岂惟大邦是控，临朝御众而已。"

所以，自古以来中国历代帝王都自诩为天帝的"元子"，其所做的一切都是"奉天承运"。而中国的政体又是以北天区为原型的文化物——中央集权于皇帝一身，郡县对中央形成拱极之势。"象天设都，法天而治"，即寻求"象征物"（建筑物，乃至建筑群）与"存在物"（想象中的天体世界）的物物相对。诚如《三辅黄图》所说："苍龙、白虎、朱雀、玄武，天之四灵，以正四方，王者制宫阙殿阁取法焉。"皇帝所居的宫城必定要效法于天帝,在"地中"("土中")修筑紫禁城。而在其正南一面则要辟出一条通向皇帝宝座的御道,即"通天之路"(亦称"天街")。

这是自周秦以来,尤其是自隋唐以来长期延续的基本定式,即以皇宫为中心并将主要建筑物部署在中轴线上,左右取得均衡对称,再加上高低起伏变化,构建出一个在空间布局上最大限度地突出"普天之下,唯我独尊"的大一统思想的建筑群。

明清北京城的建设,不仅传承了元大都城的规划建设的中轴线,而且还效法明南京城,在表现手法上显得更为灵活。

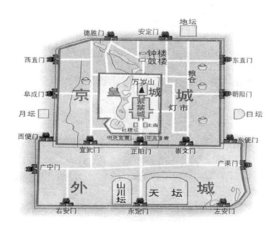

明北京城平面图

譬如，用拆毁的元代故宫的房渣土和挖掘的筒子河的淤泥，在紫禁城的北面，即元代后宫的延春阁上堆起了一座高 40 余米的土山，这在中国风水理论上称为"镇山"，它与奉天门（即今太和门）前的内金水河形成了"背山面水"的格局，被命名为"万岁山"。这座人工堆砌的小山，异峰突起于北京小平原上，成为北京城中"君临天下，皇权至上"极为鲜明的标志。与此同时，又将原位于旧鼓楼大街上的钟楼、鼓楼二楼，移到"万岁山"的北面，作为整个中轴线的终结。钟楼、鼓楼二楼原是京城的报时中心，自然也是全国的"标准时间"，从而也就更加突出了"大明江山一统天下"的政治含义。

明北京城为清朝所承袭。清康熙四十八年（1709）清政府曾将贯通北京城的南北中轴线确定为天文、地理意义上的"本初子午线"，即零度线。这其实是在天文和地理意义上，重申古代中国以本土作为世界中心的理念。它比 1884 年国际会议确定通过的以"英国格林尼治天文台的经线作为本初子午线"要早 175 年。

至于有关北京城中轴线存在有偏离子午线的现象，实际是指南针本身就存在的磁偏角。对此，我国古代的天文学家也早已有所察觉。宋初，供职于司天监的天文学家杨惟德就曾在进献皇帝的《茔原总录》一书中说道："取丙午、壬子之间是天地中，得南北之正也。"

总之，我们中华先祖的天文崇拜、象天设都，即在宇宙，"天"为至尊；在人世，"君"为至尊，乃是形成"天子居中、层层拱卫"理念的本源。作为中国文化观念的原型，它制约并影响着政治和哲学的观念，塑造着"天人合一，君权神授"的文化特色，并仿照北极独尊的格局，模拟以北极为中心的天国秩序。"王者如居天下之中"——"地中"，建成一个大一统的国家体制。而"君临天下，面南为尊"，则是我们位居北半球这一地理位置的先祖崇拜北极的产物，原本是宫殿前面圣的御道，经过数千年的演绎，最终成为贯通都城南北、统领全城的中轴线。

先农坛史话

（董绍鹏　先农坛古代建筑博物馆

副研究馆员）

　　明清北京城的正南方西侧，有一座面积比天坛小一半的皇家坛场，它始建成于明永乐十八年（1420），是后来所谓"老北京九坛八庙"之一。在极盛时期，它的坛区范围北到今天永安路，南到护城河，东到今天的永定门内大街，西到今天太平街（陶然亭公园东门一线）。外坛围墙全长 1368 丈（数据来自清乾隆《工部则例》，约合今天 4377.6 米），坛内面积约合 2000 亩约合今 1215488 平方米。清末时，坛内以今西城区南纬路一线为界分成南北两大部分。北部地域广阔而空旷，没有任何建筑，是为北外坛，其北端坛墙呈近似半圆形，象征上天下地的"天"（取天圆地方之意的天圆）；南部是全坛的功能建筑集中区，向南一直延伸到南护城河边，其南端坛墙东西直线走向呈方形，象征上天下地的"地"（取天圆地方之意的地方）。

　　这，就是明清北京先农坛，封建国家君主祭祀中国古代农业文明主神——先农炎帝神农氏的国家坛场。明清时，这里的祭祀活动，不仅包括对先农炎帝神农氏的中祀祭祀，也包括对共建一处的太岁神（值年之神、水功能神）、天神地祇（风云雷雨岳镇海渎，水功能神和地神）等的祭祀。其中，针对先农炎帝神农氏的祭祀礼和亲耕礼最为重要，也是这里礼仪活动的核心和重要文化价值的体现，其中亲耕礼尤其重要。

明清时，每年春天的三月或者四月，天子都要率领文武百官在仪仗队的伴随下来到这里，祭祀中华民族的人文先祖、传说中的农耕农业创始人——炎帝神农氏。祭祀后皇帝会更换服装，亲自下地扶犁耕作农田三趟（雍正时开始为四趟），而后犒赏文武百官和耕作的农夫。这就是中国古代国家祭拜先农炎帝神农氏的国家大礼，以此体现一国之君为天下农业之先的风范。

北京先农坛建成六百余年，其中在封建社会发挥祭祀功能的历史有将近五百年。六百年的风霜，从建立到兴盛，从完整到支离破碎，从皇家祭坛到昔日的城南公园和后来的育才学校……多年以来，先农坛在人们的视线中逐渐模糊，几近被人们遗忘。很多人知道先农坛体育场，知道育才学校，却不知道他们的立身之地原是有着几百年辉煌历史的皇家坛场！美丽与哀愁并存，让人不胜唏嘘。

北京先农坛 1979 年被列为北京市文物保护单位，2001 年晋升为全国重点文物保护单位。

近年开始的北京中轴线申遗活动，为北京先农坛的全面复兴带来历史机遇。从 2018 年开始，遗存坛区腾退工作进入加速期。预计 2024 年后，遗存的先农坛内坛区域将全面恢复历史原貌，其余遗留古建筑区域也将一并收回。相信，在十年内，全部坛区的现存部分将会有一个翻天覆地的变化。

在漫长的六百余年中，北京先农坛历尽沧桑，从昔日的封建国家隆重举办祭祀神祇礼仪活动的坛场，到后来民国时期的公园，再到新中国成立后的学校，直至近年重获新生。这中间发生了许许多多的历史事件，形成不少历史典故，出现了几个发展时期。

一、明永乐十八年至嘉靖九年时期

众所周知的明成祖永乐帝朱棣，开国后被洪武帝朱元璋封为燕王。朱棣作为大明开国不能无视的、响当当的功臣，一直恪守朱元璋的训诫，带领军队驻守在今天的北京当时的北平，为帝国屏蔽来自北方的蒙古民族的威胁。说来也太平，燕王朱棣一转眼就在北平驻守了二十几年，相当于半辈子留在了远离家乡的北方。朱棣在北平苦心经营卓有成效，经过二十几年的治理，北平已经是朱棣的政治大本营。

1398年，洪武帝去世，其孙即位，是为建文帝。

俗话说："初生牛犊不怕虎。"不过这位建文帝并不是不怕虎，他对那些健在的叔辈、开国功臣们还是有所顾忌的。坏事就坏在那些文臣身上，他们不断地对年轻而又无政治经验的建文帝进行忖惠，企图削藩，剥夺建文帝各位亲叔叔的爵位。这对别人可能无所谓，但对燕王朱棣来说，无异于虎口夺食。这样，叔侄彻底翻脸，燕王朱棣打着当初西汉七国之乱"清君侧"的旗号，在北平拉起大旗，向远在江苏南京的建文帝发起进攻。经过几次拉锯战，最终武力高强的燕王一方取得胜利，结束了这场"靖难之役"。攻下国都后，众望所归的燕王朱棣正式登基，是为永乐帝。

永乐帝深知，只有自己苦心经营的北平才是最可靠的根据地。因此登基后时间不久，就下令营建燕京。1411 年，京杭大运河疏浚后，便开始营建已晋升为北京的北平宫室。之后的一段时间内，北京作为即将取代南京的新都城一直在营建中，直到 1420 年才完成全部新都营建事宜（1420 年农历十一月初四，永乐帝颁诏，宣告紫禁城的建成，也就是顺势宣告了北京城的建成）。其中，北京先农坛的前身北京山川坛也身在其列，而且规制与其他皇家场所一样，"凡庙社、郊祀、坛场、宫殿、门阙，规制悉如南京，而高敞壮丽过之"。这样，原本建在南京的山川坛，原样不动地被克隆到北京。北京的山川坛完全保留了明初的建筑特色，比如朱洪武习惯的简朴之风、思维怪异之风、实用主义，一一被还原在北京山川坛建造上。这些建筑特色主要体现为坛区建筑色调单一，建筑等级比后世同类建筑低，不具奢华，基本围绕着山川祭祀功能布局的各处建筑一一列位；先农神坛不设周代以来标准祭坛建筑布局的二壝八棂星门，违背神祇坛祭的传统。可以说，明初山川坛的设置违背了种种汉代以来的祭坛布置之规。当然，这倒是符合朱洪武本人一贯的所谓"不泥古"的风格。为了体现政治正确的政治传承，对此永乐帝真是绝对不做变动，传承得十分到位。因此永乐照搬洪

具服殿

武的建筑风格，在客观上为后世提供了一处富有明代早期建筑风格的文化遗址。

从北京城建成的 1420 年到嘉靖九年（1530），这一百多年里，除了那位听信太监之言冒然出兵当了俘虏，而后复辟的明英宗，在内坛东侧位建造了斋宫外，山川坛一直保留着建成时的状态，偶有建筑修缮。

这个时期的山川坛规规矩矩，期间的明朝统治者一直牢记着明成祖的教诲：凡遇登基，祭祀先农之神、亲耕耤田。因此大明天子亲自祭奠先农之神、亲耕耤田的频率很低，多数时间祭祀由顺天府尹代祭，至于祭祀山川之神更是如此。其间仅弘治帝时期莅临山川坛较勤，还对山川坛的先农之神祭祀礼仪做了一些调整。虽然，英宗在天顺时建造的斋宫，理论上是为天子祭祀山川坛诸神斋居之用，实际上就是摆设，从未发挥实际作用，据史料记载，明清从未有皇帝在此斋宿过。这一时期，山川坛祭祀建筑群（正殿、拜殿、东西庑殿）、神厨建筑群及宰牲亭、山川井、先农神坛、具服殿及其仪门、旗纛庙，以及斋宫，一起构成了山川坛的内涵。

二、明嘉靖九年至清乾隆十八年时期

　　时间到了武宗正德帝驾崩的 1521 年。因为这位民间传说爱着李凤姐的风流天子 31 岁驾鹤西去时无后，其母后皇太后与大臣们商议后下懿旨，诏武宗皇叔兴献王朱佑杬之子朱厚熜入宫继承大统，是为嘉靖帝，时年 16 岁。这位年少有为的少年天子成长在荆楚之地的钟祥，沾染了一身湖北当地的习气，尤其好鬼神、迷信。

　　登基初年，少年天子嘉靖帝思念父亲，梦想着将亲父的牌位移进太庙供奉。这本是一个普通至孝之人的亲情所现，但这对朝廷来说却是不得了的大事。按照祖训，嘉靖帝只能称武宗正德帝为父，以体现皇统。虽然有规矩在，但无奈少年天子血气方刚，不认这一班老套之词，坚持将自己的亲生父亲奉为正统。因此，朝中大臣围绕着这件事你一言我一语，打起了口水仗，互不相让。在这个打太极式的政治争斗中，嘉靖帝忙中偷闲，顺势通览了京城坛庙祭祀之制。不看不知道，一经了解才发现，遵照老祖宗朱洪武定下的规矩在营造北京城时建造出的各处坛庙，并不合周礼古制。这对于好鬼神的嘉靖帝来说，简直无法忍受。于是嘉靖帝大兴土木，大胆"厘正祀典"，大刀阔斧地将以大祀殿为代表的祭祀坛场进行了改造，顺势落实了周礼的四郊分祀，确立了天地日月都城四面坛场祭祀的布局。唯独令人惋惜的是，因周礼祭祀之制中独缺先农坛祭祀的内容（实则周代尚无先农坛之故），为此嘉靖帝无法对山川坛所属的先农坛进行规划调整，只对神鬼祭祀的集中地——山川坛正殿重新规划了一番，除留下太岁之神外，将原来放置殿内的岳镇海渎地祇、风云雷雨天神等自然之神，统统迁移到内坛南门之南。辟建西侧的地祇坛供奉岳镇海渎，辟建东侧的天神坛供奉风、云、雷、雨天神，而天寿山则融合进地祇坛的五山之神龛进行祭祀。山川坛正殿内的城隍之神作为人鬼，被迁移到今金融街所在地另建神庙供奉。为了体现敬鬼神之诚意，还下令把山川坛改为神祇坛，也就是用新建成的地祇天神坛的简称"神祇坛"，作为山川坛的名称。嘉靖帝的做法，将鬼神至上的思维体现得不可谓不彻底到位。

神仓

嘉靖帝也对坛区的功能完善做了有益的工作。比如原来耤田的收获没有正式场合收储，只能存放在耤田祠祭署内，这除了符合朱洪武的简朴思想外，完全不合周代以来的传统。嘉靖帝按照传统增设粮仓，下令在旗纛庙和东侧内坛墙之间起一小院，盖设碾房和仓房各两处，盖设供奉祭祀前取用神粮的圆廪神仓一处，并将此院命名为神仓；又如废弃了自朱洪武以来天子在仪门下观看下属耕作的传统。嘉靖帝听信大臣溜须之言，认为平地坐着看人耕作不能体现自己的威严，于是下令恢复自南朝刘宋时期早已有之的观耕台之制。每年亲耕时临时用木材搭建观耕台，用后拆除备用。我们今天从礼制建设的角度来审视嘉靖帝的举措，无疑是恢复正规传统的做法，是值得肯定的。

这一时期的布局，除了内坛南侧新添建的神祇坛、内坛东侧以里新添建的神仓，以及仪门下每逢天子亲耕时搭建的木制观耕台外，其余与山川坛时期一样。

万历四年（1576），神祇坛正式更名为先农坛。多有意思呀！除了没叫过太岁坛外，整处坛区把内里祭祀祭坛的名称，几乎都叫了一遍。

先农坛这一称呼，一直持续到后世清代乾隆十八年（1753）。

三、清乾隆十八年至清亡

　　明朝结束了，取而代之的又是一个远比中原汉族王朝的文明落后的朝代——清代。由于清朝文明上的落后，它对远比自己先进的明朝的包括典章制度在内的各项国家制度照搬照收，"清袭明制"，在开国近八十年的时间内清廷用实际行动守护着明代遗留下来的各处皇家设施，少有更改。因此再一次体现出当初元世祖忽必烈对文化的宽容大气，先农坛在这一时期除了偶有坛墙维护外，完整地保留了前明嘉靖帝添建后的全坛格局，就连建筑的瓦件也都还盖着嘉靖年制的款识。这也难怪，乾隆初年来到先农坛，举办先农之神祀典时都看不下去了，于是自我反省承认先农坛"本朝未有修葺"。

　　乾隆十五年（1750）发生了一件清代开国以来的大事，那就乾隆"再造大清典章"。这一年乾隆在祭奠南郊圜丘行礼时，刻意留神了所有祭祀之用，对那些体现着朱洪武自作主张、本着简单化原则制作的祭祀器皿深为不满，他深感如此粗糙不成体统的享神之用不能体现敬神的诚敬之意。以此为由，乾隆敕令大臣考证，分祀人鬼之庙和祀神之坛重新确定了体现周礼精神的祭祀器用，重新考订了各种祭祀礼制。史论对乾隆的做法定位为"再造了大清典章"，开启了清代自有本朝规章制度的时代。所谓康乾盛世，到了乾隆之时也该开始制定具有清代特色的制度规范了，所以乾隆的改制自然也成为后来继任者所遵循的祖制。在一定程度上，乾隆的改制在清史上具有"再造大清"的作用。先农坛也就是在这个大背景下，启动了奠定今天格局的大修缮和局部改造。

乾隆十八年（1753），乾隆下令撤除先农坛外坛区自耕自养坛场，解散种粮种菜的农民只留下少数坛户植树，以改善先农坛的祭祀氛围；下令将前明斋宫廊式宫墙改为单体墙，拆除宫前广场西南角的鼓楼；将前明时一年一搭的木制观耕台变为琉璃白石砖造观耕台，还刻意命工部在设计台子时将佛教文化内涵融合进观耕台台座设计之中；撤除旗纛之祀，拆除旗纛庙前院，将东侧神仓院移建于此；命工部对全坛建筑大修，挑顶更新瓦件，重新油饰彩画，太岁殿全院和神仓院的主要建筑一律更换为绿剪边黑色琉璃瓦。但是乾隆并没有改变原有建筑等级，因此也就没将地位低下的先农神享殿、神牌库及宰牲亭的瓦更新为该有的绿色琉璃瓦，也没有将屋顶样式改为歇山顶。这样，保留着前明朱洪武时期特色的先农坛建筑得以幸存。先农神享殿也创造了北京皇家坛庙的奇观现象，成为唯一一个不着琉璃的、削割瓦悬山顶的、国家祭祀坛场的主神神殿。

今天在先农坛，我们能看到的琉璃瓦的背面，几乎都有"乾隆年制"的款识。明代的瓦件被一扫而光（20年前修缮宰牲亭时发现了一块"嘉靖年制"款识的削割瓦，已是弥足珍贵）。所以现在我们也不可能知道明代的太岁殿和神仓屋顶的瓦件是什么颜色了。

1911年清亡，先农坛坛庙本体功能终结。

四、民国时期

1911 年的辛亥革命结束了我国长达近 2000 年的封建君主专制，开启了共和时代。作为昔日神圣不近平民的先农坛，也在一片共和的氛围中，进入了民有民享的新时代。

不过，先农坛在这个所谓的共和时代过得并不幸福，像耄耋老人一样，已近 500 年的身躯深受病痛的折磨。此时的神农坛已沉重不堪，步履蹒跚，它又仿佛是生活在中生代的海洋巨无霸利兹鱼，即将被周边众多死死盯着它的各类小魔兽们蚕食。从此，先农坛开始了长达几十年的悲惨衰落历程。

这个时期分成前后两个阶段：城南公园时期，育才学校时期。

1915 年的北京尚无公共游乐场所，虽然共和已经四年。这一年，管理前清各处坛庙事物的民国内政部，把社稷坛和先农坛并列为第一批开办公园的场所，宣布在初夏之时将先农坛作为公园向市民开放。开放不久，坛区北部因为没有任何建筑，大片空场逐渐被有计划的蚕食。那时，除了合法商人租用场地开办游乐场所外，更多的是北京周边地区的贫民们在这里讨生活、摆地摊，打把式卖艺，卖各式家乡的小食品或者制作专供贫民们食用的食品。渐渐地人多了，北边的坛墙虽然开了门但也无法满足企图进入坛区的人们，于是坛墙逐渐被推倒了。1917 年经过短暂的公园一分为二后，1918 年，公园正式退缩到内坛一线，称"城南公园"。

城南公园在艰难困苦中勉强维持运转，其间经历了北洋军阀治国、北伐战争的南北形式上的统一、国都南迁，经历了抗战的民族磨难，经历了解放战争的洗礼；从贩卖坛区树木补充公园经费，到出租公园坛地给大小商人作为经营场所和活

城南公园平面图

动场所，到惨淡经营的入不敷出和处处杂草丛生。毫不夸张地说，城南公园及其前身先农坛公园生于不平凡的 1915 年京城独创，消失于 1950 年被世人遗忘的大众视野，公园生命维持了 32 年，后消失于平静没有波澜的历史之中。

到 1950 年 10 月公园被撤并时，仅余内坛和神祇坛是可以向其后的学校移交的合法坛区范畴。而庆成宫（斋宫）早在日伪时期就被单独划为日本侵略军的卫生防疫学校，抗战胜利后又被国民党军队医疗系统所用，新中国成立后又被国家卫生部门接管使用，甚至做过结核病疗养院。庆成宫以南广大的空场则于民国初年就变为市民体育运动场所，1937 年正式确立为北平市公共运动场，直到新中国成立后又更名为先农坛体育场，事实上早就不在坛区了。

五、北京育才学校使用时期

1949 年 7 月，北京育才学校的前身延安保育院小学从西柏坡进京，按照指令，临时借用当时作为城南公园的北京先农坛内坛和神祇坛区域作为学校使用。1952 年北京育才学校与接管先农坛的天坛公园管理处签订合同，正式接收前述地区作为学校使用。

学校开办以后，整理坛区，植树造林，在坛区空地搭建房屋作为教室，较为完好地保护、使用了先农坛，这个时期一直持续到"文革"开始。1966 年"文革"开始后，先农坛的文物古建筑遭受了史无前例的摧残，不仅主要建筑挪作他用，以前坛区比较完好的使用状态遭到破坏，甚至育才学校的校区也被社会上的单位蚕食占用，相对完整的坛区从此支离破碎。这种局面直到北京古代建筑博物馆成立后才开始有所改观。但是，坛区被各种单位不合理占用的情况一直延续到 2008 年北京承办奥运会。

学校在古老的先农坛内为国家培养了一批又一批的建设者，他们至今深深怀恋着儿时在此学习时古老坛区的一切，仍然用"一院""二院""三院"称呼着太岁殿院、神厨院等坛内院落。

史无前例的"十年浩劫"，带给先农坛的不仅仅是文物的损坏、古建筑的破败不堪、无人维护，更为严重的是坛区被人为分割成大大小小的区块，很多单位趁着混乱进入坛区，强行占据育才学校校区为己有。坛区内本已寥寥的文物，如太岁木龛、太岁殿挂匾、庆成宫挂匾、神仓挂匾、具服殿室内挂匾、天神坛天神石龛以及拜台、棂星门、地祇坛拜台、神祇门等，尽数被造反派在"破四旧"的过激冲动中砸毁或者拆毁，几百年的文物落得个粉身碎骨、消失殆尽。即便是作为天坛公园幼儿园的先农坛神仓，也被社会上杂七杂八的工厂占用，几百年的文物古建筑在工业化大机器的摧残下苟延残喘、奄奄一息、岌岌可危。这场史无前例的摧残，把几百年的珍贵文物推到了毁灭边缘。

六、北京古代建筑博物馆成立至今

1988 年，在单士元、杜仙洲、罗哲文、张铸、郑孝燮等老一辈文物古建专家奔走呼吁下，北京市文物局进驻先农坛太岁殿院，成立"北京古代建筑博物馆筹备处"，同时开始修缮拜殿

先农坛太岁殿

及其配殿。从此，先农坛迎来了枯木逢春的新时代，从那个时候一直到今天，可称为文教并存时期，文物古建逐步划归文物局所有，其余坛内空地作为学校使用。

北京古代建筑博物馆的生存发展，仿佛又再现了以往城南公园艰难生存的一幕。因为当初决定建立博物馆，就是为了先农坛古建筑的保护（单士元老人说"先农坛就是现成的明代古建筑博物馆"）。但是由于前期博物馆发展所需的必要投入不足，因而博物馆的古建筑在很长时间内都是勉强维持现状。博物馆的工作只能向耗资较少的先农坛历史文化内涵的相关领域开展。博物馆早期成立时所做的立足北京面向全国的探索的发展目标，一直是博物馆发展的软肋。在各种因素困扰下造成了博物馆有心无力、无法出现可持续的发展与动力的局面，甚至历史上还出现过两次试图挂靠建设部以求扩展生存资源的尝试。这样，博物馆发展的方向就一直在先农坛历史文化内涵和中国传统建筑文化展示之间徘徊。这个困惑一直影响到今天。

但不管怎样，先农坛古建筑的逐步腾退还是在按部就班地进行着。神仓院、庆成宫、神厨院、具服殿、观耕台，在21世纪初都回归文物部门辖内；文物部门同步投入巨资进行修缮，现已修缮完毕。尽管修缮中存在一些"萝卜快了不洗泥"的情况，但总体修缮还是取得了不俗的成效。有的建筑已修缮过三次，大致每隔七八年就会对古建筑进行一定的维护。经过维护的古建筑焕然一新，有着一股新生的姿态。

先农坛，迎来了新生。

进入 2010 年以来，先农坛加快了对历史文化弘扬的脚步与主体坛区腾退回归的步伐；与西城区文化管理部门合作举办先农祭祀表演，而后进一步由本馆接手，举办祭农文化展演，期间演出的学术严谨度逐步增强；重新改陈了"先农文化展"，由北京先农坛展示扩大到农业文化展示；出版了多种学术出版物，进一步扎实了文化研究基础；搭乘北京明清城市中轴线申遗（很荣幸，先农坛被纳入中轴线申遗范畴）的列车，在市政府的大力支持下，进一步推进坛区腾退工作，快速腾退了昔日一亩三分地遗址区，创造了先农坛文物古建腾退工作的新纪录。同时借着中轴线申遗，计划彻底完成占用坛区单位的问题，在 21 世纪 20 年代将内坛和神祇坛区收归文物部门所有。未来先农坛计划开展形式多样的文教活动，将先农坛以全新的面貌推向社会，实现真正的回归市民视线。这些工作，事实上达成了文物工作多年以来的期望，实现了全社会对先农坛这一难得的农业主题祭祀坛庙复兴的热切愿望。

现在先农坛游客渐渐增加了，慕名而来的人多了。无论人们是休闲也好，是参观也罢，博物馆的社会效益怎样实现呢？不就是让文化潜移默化地影响更多的人吗？

2018年7月，北京市确定了将中轴线上的永定门、先农坛、天坛、正阳门及箭楼、毛主席纪念堂、人民英雄纪念碑、天安门广场、天安门、社稷坛、太庙、故宫、景山、万宁桥、鼓楼及钟楼14处建筑作为申遗点，力争在2030年实现申遗目标。

中轴线申遗工作已经进入全面准备阶段，要在2024年彻底完成。这表明，最近几年内，北京先农坛将要迎来盼望已久的历史机遇，彻底恢复现存的内坛区、庆成宫区以及神祇坛区的历史原貌，实现现存古建筑区域的全面复兴。也可以这样说，北京中轴线申遗，促成了先农坛迎来了历史上的第二春，借此机遇，先农坛终于可以完全地重新回到北京市民和全国人民的视线。

站在拜殿的大月台上，向南看空间广阔，可以一眼看到南天门，等到具服殿后身和西侧的翻建房拆除后，眼前视野就又可以恢复到 22 年前，站在大月台上直接可以看到观耕台和现在作为景观的昔日皇家耤田遗址区；向北看，是巨大而又有强烈下沉感的太岁殿院，在秋日阳光照射下太岁殿金字大匾熠熠生辉，是那样的夺目、画龙点睛。信不信，这一刻你会有种穿越历史的朦胧感，仿佛站在了时空交叉点上，生命的意义变得那样的重要、那样的必须。因为，这一刻的历史，需要你来圆满，需要你来作为历史画卷中的人物，就好像郎世宁画的《清雍正帝先农坛亲祭图卷》中的人物一般。

而我们，又何尝不是这个新时代画卷中的历史人物呢?

天坛史话

（徐志长　北京天坛公园原总工）

北京天坛是中国封建社会历史上最后的一处郊坛建筑，它吸收和继承了五千年中华文化和历代祭坛建设的成果，满足了祀天礼仪形式细腻烦琐的需求。天坛面积273公顷，是紫禁城的4倍、英国白金汉宫的40倍。其内容、设施、总体规划、建筑设计以及建筑技术、艺术均属历代祭坛之最。

明朝永乐皇帝初建北京宫殿城池时，这里只是京城南郊偏东的地段。地面上有少量树木，几处建筑残址，地表多有起伏，有着自然的沟渠和沼泽地，有分散的农户房舍和几片坟丘，这里原是元大都南郊燕下乡海王村和高义村的地界，四周一片郊野景象。

永乐皇帝却选定了这个位置建造天地坛，要在这里行大祀天地之礼（古代大祀是国家最重要的礼仪活动）。究竟朱棣是别出心裁还是随意为之呢，或者是确有古法所依如法炮制的呢？

远古早期的祭祀活动的地点，只强调要求在"郊"。选择城郊祀天的两个理由，是洁净和广阔。《礼记》有"兆于南郊，就阳位也"的说法。依阴阳五行之说东方为阳，西为阴；南为阳，北为阴。都城的南郊，属正阳之位，选南郊设坛祭天是最合适的选择。事实上古代"十里为郊"，南郊建坛，距都城、宫城都不会太远，既脱凡俗之界，又省跋涉之劳。真是又方便又安全的好主意。对此后世帝王都乐于接受，并一直沿用。

明洪武三十一年（1398）朱元璋病故，建文帝继位。封地在北平（今北京）的燕王朱棣，手握重兵，才能过人，以"清君侧"为名发动了"靖难之役"。夺权即位登上皇帝宝座，年号永乐。

朱棣登基后就开始做政治中心北移的部署。永乐元年（1403）升其旧封地北平为北京。永乐十五年（1417）六月将北京原南城垣南移二里，以南垣中门为基准确定北京城的中轴线和"天地坛"坛位。自此，天地坛和北京宫殿城池坛庙工程，大规模开工。

明代永乐年间所建的北京城池，在京城的南城墙设有城门三座，中间一门为丽正门（正阳门）也就是"国门"。明初正阳门外均属于京城南郊，天地坛位居南大道道东，中心建筑大祀殿（今祈年殿），与"国门"直线距离恰为五里。因此天地坛选址是完全遵照古代定制，精细测量定位的，并未受原地地貌和原地自然景观的影响，当然更不是朱棣别出心裁或随意为之的。

永乐十八年（1420）十二月癸亥（二十九），"天地坛"和宫殿城池同期竣工。北京天地坛以洪武所定"合祀天地为永制"为据，只建了南郊天地坛未建北郊方泽坛。

明永乐十九年（1421），明朝正式迁都北京。正月甲子（初一）永乐皇帝命太子到天地坛奉安昊天上帝和后土皇帝神主。正月乙丑（初二）永乐皇帝到天地坛，行告祀之仪（迁都）。正月甲戌（十一）永乐皇帝在天地坛举行合祀天地大典。十天内就在天地坛连续举行了三次典礼，从此明朝开始了在北京依洪武祖制，每岁孟春在大祀殿行天地合祀之礼的惯例。永乐、洪熙、宣德、正统、景泰、天顺、成化、弘治、正德和嘉靖前期，共九帝十朝前后110年均在天地坛行合祀天地之礼。

明初所建的北京天地坛，中心是大祀殿，占地面积较小，只有"周九里三十步",约为 1800 市亩(合 119 公顷)。天地坛是明清北京天坛的最初形式。

明嘉靖朝(1522—1566)初期,仍行天地合祀于大祀殿。嘉靖九年(1530)更变礼制,恢复洪武初期所行天地分祀之制。这就需增建圜丘坛专以祭天,设方泽坛以祭地。于是选位于天地坛大祀殿之南建圜丘。直至清末,这里仍是专以祭天的祭坛。同期北郊建方泽坛以祭地,东郊建朝日坛以祭日,西郊建夕月坛以祭月,次年工成。

嘉靖十一年(1532)春,皇帝于大祀殿举行祈谷礼。这是首创的祀典,前历朝历代均所未有。

嘉靖十三年(1534)二月,皇帝诏令定名南郊祭坛为"天坛",天坛名称才正式出现。天坛坛域,总面积 2750 亩,平面形状仍保持北圆南方。

嘉靖十七年(1538)将圜丘正位所供奉"昊天上帝",改为"皇天上帝"。改圜丘坛天库正殿泰神殿为圆形重檐,同时更名为"皇穹宇"。殿匾为嘉靖皇帝御笔,同年还诏令撤大祀殿,在原址仿明堂制建"大享殿",拟行"大享礼"。

嘉靖十九年（1540）十月大享殿兴工，次年四月因太庙失火大享殿停工，后又开工。

嘉靖二十四年（1545）八月大享殿告竣。大享殿从建成至清顺治二年（1645）期间一直闲置，竟达百年之久。

清代定都北京后，沿明制。顺治、康熙、雍正三朝，例行圜丘祭天，并在大享殿祈谷。但草创初期，未形成严格的典章制度，直至乾隆皇帝弘历登基后，才表现出对祭天礼制突出的兴趣和重视。这时已进入康乾盛世，经济能力十分强大。乾隆首先完善了祭天典章制度，随即对天坛做了全面的改建扩建。

乾隆七年（1742）诏令修缮斋宫。

乾隆八年（1743）整顿神乐观，更名为"神乐所"。

乾隆十四年（1749）开始改建圜丘。

乾隆十九年（1754）整顿神乐所，更名为"神乐署"。

总之，明代天坛的六大建筑群，无一不被他细心推敲改进、改建或拆除。天坛形成了一条轴线、三道坛墙、五组建筑、七星镇石、九座坛门的天坛鼎盛格局与风貌。乾隆本人，恭虔敬天，身体力行，在位60年在天坛圜丘行祭天礼59次；行常雩礼 38 次，诣祈谷坛行祈谷礼 58 次，创历代帝王祀天之最。

经清乾隆时期的改建、扩建和精减，天坛祈年殿更加宏伟壮丽、圜丘更加圣洁。建筑轴线上祭祀建筑屋面统一为天青色，既突出了"天"的主题，也更加庄重、协调、简洁。天坛经明永乐年间初建，嘉靖年间增建，清乾隆年间扩建、改建，历经近 400 年，形成最终格局，并走向了鼎盛时期。

一、圜丘坛

　　圜丘坛始建于明嘉靖九年（1530），主要用于祭天大典。圜丘坛坛城面积 44.95 公顷，坛域的四方按传统设四座天门，分别是：东天门名"泰元门"，南天门名"昭亨门"，西天门名

圜丘坛旧影

"广利门"，北天门名"成贞门"。四个天门名称中涵元、亨、利、贞四字，取义《周易》乾卦——乾卦元亨利贞。四天门均为单檐歇山顶，绿瓦三券洞砖门。

圜丘坛坛域平坦，中心建筑"圜丘"是一座巨大的三层圆形石台。每年冬至日，隆重的祭天大典就在这里举行。台上不建殿宇是古代祭天当为露祭（露天而祭）的体现。

"圜"是天圆，"丘"为高起的地面。"圜丘"意为祭天的台子。初建于明嘉靖九年（1530），后经清乾隆十四年（1749）改造扩建，而最终形成今式。

圜丘的象征寓意与祈谷坛、祈年殿有所不同。祈年殿是时间、季节、空间、方位寓意。圜丘寓意主要是以形象和数字象征"天"。京城广为流传的民谚"天坛走一走，处处都是'九'"，主要是形容圜丘这座神奇的祭坛的寓意设计。

圜丘的形象寓意：

圆丘平面呈圆形，以圆象征"天"（同于祈年殿）；各栏板望柱均雕"云龙"，龙为阳，寓意"天"；凤为阴，寓意"地"；上层台面中心为"天心石"（圆形石板直径80厘米），寓意太极是天地万物之本源，天坛共三用太极，另两处为皇穹宇殿心石和祈年殿"龙凤石"；"圜丘"为三层（阳数象征天，地坛方泽坛为二层）。

圜丘台面石的秘密：

上层坛面自天心石向外，环铺扇形石板九圈（中层、下层亦同为九圈）。第一圈扇形石板9块（一"九"）；第二圈环砌石板18块（二"九"）；……依次向外共环砌"九"圈石板，每圈递加"九"块。上层最外环即第九圈，为九九八十一块石板。中层台面最内环即总数第10圈为90块，再外一圈为99块，直至第十八圈（中层最外一圈）环砌162块石板。下层台面依此类推，自19圈171块至27圈243块。各层坛面环铺的台面石，不论圈数和环砌石板数，均是数字"九"和"九"的倍数。充分突出了阳数"九"的特殊地位，突出"天"的主题。

圜丘石栏板数字寓意：

祭坛的三层台面外缘，均有石雕汉白玉寻杖栏板围护。上层四面各为9块栏板（一"九"），共36块栏板（四"九"）；中层四面各为18块栏板（二"九"），共72块栏板（八"九"）；

下层四面各为27块栏板（三"九"），共108块栏板（十二
"九"）。

圜丘功用：

1. 祭天大典专用场地。圜丘又称祭天台，是古人营造的
人天对话的环境和场地。每年冬至皇帝都要在此举行祭天大典。
此外这里也举行另外几种祀典、礼仪，和祀天近似但略简。

2. 常雩礼。每逢旱年，于孟夏（四月）选"辰"日，行
"常雩礼"（龙见而雩）以求雨。常雩礼后仍不降雨，需举行大
雩礼，即最高等级的求雨典仪。

3. 告祀。国有大事，如新帝登基、大婚、册立皇太子、皇
帝南郊升配等。总之皇帝认为重要的国事、大事，均可在此行
礼，以告知天帝。

二、皇穹宇

　　皇穹宇始建于明嘉靖九年（1530），初名泰神殿。"泰者，大也"，殿内尊藏"昊天上帝"神版（正位，配位，神主称神版，从位称神牌）。嘉靖十七年（1538）十一月，改正位"昊天上帝"泰号为"皇天上帝"，泰神殿同期更名为"皇穹宇"，其

皇穹宇

意为上天的宫殿（皇意宏大，穹指天穹，宇是殿宇）。该殿原为重檐攒尖顶圆形建筑，清乾隆十七年（1752）改成单檐。

皇穹宇殿高 22.35 米，直径 15 米，单檐蓝瓦，圆顶攒尖上承鎏金宝顶。殿体为双环柱网承重，外环檐柱八根，柱高 5.6 米。周环为八开间，正南明间为门。

皇穹宇圆殿坐落在一个直径 19.2 米，高 2.85 米的圆形石须弥座上。其上环护汉白玉石栏板 49 块，石栏望柱头浮雕云龙图案。石座南、东、西三出陛，各十三级。南阶大陛上嵌有长 6 米、宽 2 米巨幅丹陛石雕。

丹陛石雕主题为双龙戏珠。浮雕画面左（东）为升龙，寓"春分"阳气上升，飞龙升天；右（西）为降龙，寓"秋分"阳气下降，潜龙入海；中为火珠，下为海水江涯，象征天体宇宙，四时冷暖、周而复始的运转变化。双龙浮雕突出而立体，双龙活泼灵动、栩栩如生、雕工精湛，是京城石雕之精品杰作。

回音壁是指圆形院墙的内墙面而言。明嘉靖九年（1530）始建泰神殿时，院墙系土坯砌筑的土墙。清乾隆十七年（1752）

改建为皇穹宇时，院墙改为磨砖对缝（干摆）砖墙，墙顶覆蓝琉璃瓦。墙体坚硬光滑，是声波的良好反射体，于是出现了声学现象。后被人们发现，遂成一景。

三、丹陛桥

丹陛桥是南起南天门（圜丘坛成贞门），北达祈谷坛南砖门的一条高出地面的砖砌海漫大道。丹陛桥大道是通往祈谷坛正门的唯一大道，长 360 米，宽 29 米，北端约比南端高出 2 米，路面高于两旁地面 2 ～ 4 米。人行其上自南向北，步步登

丹陛桥旧影

高如临上界，两侧古柏夹道恭迎，引导视线直指祭坛，丹陛桥的设计，成功地把祭坛突出抬高到无以复加的地位。

宽阔的桥面两侧列陈座灯。中间大道部分，以条形石板纵向区分出三个通路，也就是分成三条大道。中间大道为"神路"，自南向北以巨型艾叶青石板铺砌，石板宽大隆起，是专为"皇天上帝"铺设的。当然这是象征性的，并不存在神的轿舆或马匹从此通过，这条石路实则空在那里，以表示"神"的存在。神道左（东）侧是砖铺步道，称"御路"。顾名思义，它是皇帝专用的道路。神路右（西）侧步道称"王路"，是陪祀王公大臣所用道路。

这等级分明的砖砌大道，为什么以"桥"来命名呢？这要从两个方面来看：一是大道整体高出两侧地面；二是这条360米长的南北大道中段和北端的下面，有着两处东西向的券洞通道。因此这个立体交叉的构筑物，就被称为"桥"了。不仅是桥，论资格它还是古都北京最古老的立交桥。

四、祈谷坛

祈谷坛是祈年殿下巨大的圆形石坛，它并不是祈年殿的石基座，而是一个祭坛，只不过祭坛上建了殿宇，是"上屋下坛"的一个特例。明太祖朱元璋在洪武十年（1377）改分祀为合祀，将大祀殿建在高二层的圆形的圜丘之上，首创"上屋下坛"的形制。明永乐朝营建北京时，"悉如南京旧制"，将"上屋下坛"的大祀殿依样继承下来。大祀殿为矩形，面阔十一间，下为石坛两层。后于嘉靖朝改建为圆形，三层屋檐的大享殿下为石坛三层。

祈谷坛圆形三层。上层直径 60 米，底层直径 90 米，全高 6.2 米，各层台面以汉白玉石栏板环护。三层石坛均八出陛（台阶），其中南北向各三出陛，东西各一，每陛踏步均为九级。

南北向的中陛十分宽阔，中陛各层台阶中间，均嵌有丹陛石雕
（枕石）。中陛台阶被石雕分为左（东）右（西）两路，南向左
路即皇帝登坛专用台阶。

中陛的上、中、下三块丹陛石雕，浮雕图案精美。上层为
"双龙山海"图案，中层为"双凤山海"图案，下层为"瑞云山
海"图案。龙凤翱翔云端，是"龙凤呈祥""天地交泰""阴阳
谐和"的吉祥主题，也是祈谷坛的中心思想。石雕雕工技法，
古朴精湛。

祈谷坛三层台面，各围以108块汉白玉石栏板。栏板由石
望柱连接固定，柱下装石雕造型出水嘴。这些石构件，不仅起
到围护和排水的作用。它的色彩造型以及阳光照射下产生的阴
影，大大丰富了石坛的层次和节奏感，使得庞大的石坛更加精
美而富于变化。这些栏板、栏柱、出水嘴造型，既具统一风格
和功能，各层所寓文化内容又不尽相同。上层石柱头浮雕飞龙
纹样，其下出水嘴为龙头造型；中层望柱头雕翔凤纹样，出水
嘴为凤头造型；下层柱头为祥云，出水嘴为云朵造型。设计者
着意安排，让各层望柱头、出水嘴均与各层丹陛石雕的图案相

统一，整体上突出龙凤呈祥、天地交泰、阴阳谐和的主题（圜丘各层望柱头、出水嘴均为"云龙"和龙头造型装饰）。

祈谷坛上层台面正中为祈年殿。祈年殿是一座高大三重屋檐的圆形大殿。

这里明初为大祀殿，是天地合祭的场所。明嘉靖十九年（1540）在大祀殿原址建大享殿，至二十四年（1545）大享殿始成。其形制与祈年殿相同，只三重屋檐瓦色有别。明代上层青色、中层黄色、下层绿色，以寓天、地、先祖。该殿自建成至明末，并未举行过一次大典，而闲置百年。

清初顺治朝定在圜丘祭天，于大享殿行祈谷礼，仍称"大享殿"。"乾隆十六年（1751）奏准祈谷坛牌匾旧书大享两字，殿与门同，名义不协。……国朝即于其地举行祈谷之礼，旧有题额袭用未改。考大享之名，与孟春祈谷异义，应请别荐嘉名。奉旨，改为祈年殿，门为祈年门。"（《大清会典事例》）乾隆十七年（1752）又将三层屋面统改为青色琉璃。

光绪十五年（1889）八月二十四日，该殿因雷击起火焚毁，后依原式重建。

五、祈年殿

祈年殿是庞大圆形亭式殿宇。攒尖殿顶，三重屋檐，檐下周环十二开间。正南上层屋檐下是殿匾，匾上青地金书"祈年殿"三字，为乾隆十八年（1753）乾隆御笔。匾为透雕飞龙华带匾，高6米。匾上每个字高近60厘米。

祈年殿由二十八根巨柱组成三环柱网，其中檐柱、金柱各一环十二根。中心一环为四根通天龙井柱。它们分别支撑着三层殿顶，是主要承重构件。二十八根大柱垂直环立。使进入殿内的每一个人的注意力不自觉地产生向上的集中动势，以强化"天"这个主题。四根龙井柱直径1.2米，高19.2米，朱红底色，沥粉贴金饰宝相花图案，十分华贵，使殿内满堂生辉。大殿结构为满足寓意和功能的要求，设计得较为复杂。外环檐柱十二根和中环十二根金柱之间沿半径方向以穿插枋连接。两环大柱又以圆周方向的弧形大额枋连固。中间四根龙井柱除与金柱连固外，其上部联以弧形圈梁，梁上各设童柱两根，共八根（加龙井柱四根，上部仍为12柱）。再以额枋相连接，其上置斗拱，不仅解决了内外出挑的问题，殿内顶部也自然形成了美丽的天花藻井。藻井中心悬圆形贴金龙凤浮雕，称"龙凤藻井"，大殿木构复杂而科学。

大殿中内环四根龙井柱把大殿四方分为四个空间，寓四季：东方代表"春"，南方代表"夏"，西方代表"秋"，北方代表"冬"。

中环十二根金柱划分了十二开间，分别代表一年的12个月，每三个月对应一个"季"（即两龙井柱之间对应三个月）。其中正东一间为二月，其北一间为正月，南为三月。其余环转排列正南为五月，正西为八月，正北为十一月，其余类推。

外环十二根檐柱所划分十二开间，象征一天的12个时辰（一个时辰相当于今之两小时），其中正北开间为子时，依顺时针排序子、丑、寅、卯（正东开间）、辰、巳、午（正南开间）、未、申、酉（正西开间）、戌、亥。同时也寓意十二地支方位。正北为子位，正南为午位，正东为卯位，正西为酉位

（与时辰开间位置相同）。我国的干支纪月法中，正月为寅月、二月为卯月、三月为辰月……这里代表寅、卯、辰的开间与中环柱间所代表的正月、二月、三月分别对应，也对应"春"的方位。正北开间为"子"，正南为"午"。

外环檐柱十二个柱位和开间还分别寓意24个"节气"。其代表寅和正月的开间，北侧一柱，柱位寓"立春"，柱间为"雨水"。再一柱位寓"惊蛰"。正东柱间寓"春分"，依次环转排序清明、谷雨、立夏、小满、芒种、夏至、小暑、大暑、立秋、处暑、白露、秋分、寒露、霜降、立冬、小雪、大雪、冬至、小寒、大寒。正西柱间寓"秋分"，正南柱间寓"夏至"，正北柱间则为"冬至"。方方面面相对应，寓意丰富且十分科学，与古代罗盘仪相一致。

殿内地面以放射状排列铺砌艾叶青石。圆形地面中心一石是龙凤石。该石为直径88厘米的圆形大理石板，石板表面纹理不凡，认真审视可见龙凤纹样。龙色深，有角、有须；凤纹稍浅，头尾俱全，故名"龙凤石"和"龙凤呈祥石"。石上龙凤位置、姿态皆与该石垂直上方殿顶中心的贴金龙凤浮雕相互对应一致，惟妙惟肖。一为天然生成，一为人工雕刻，一上一下遥相呼应，天然成趣。龙凤石珍贵难得，堪称镇殿之宝。

祈年殿是祈谷大典的祭场。每岁正月上辛日（上旬第一个辛日）举行祈谷大典仪礼（与祭天近似但不设从位），祈祷上天保佑"风调雨顺，国泰民安"。这是农业国君民最根本、最美好的愿望。选"辛日"行礼，取意"新"。

宏伟庄重的祈年殿，在蓝天白云衬托下，自下面仰望，九个同心圆层层向上升高，向内收缩，令人产生旋转腾飞的动感联想；自上而下看去则层层向外展开，给人以天与地紧密相接和稳定的印象，是古代匠师的杰作。

长廊平面呈曲尺形，与东北方向的宰牲院和厨库院连通，供抬送供品、祭器、燔牛、俎牛，可避雨雪。长廊始建于明永乐十八年（1420）。西起祈谷坛东砖门，向东再北转27间到厨库院，又45间到宰牲院，长约300米，共72间。因廊顶连檐通脊又称七十二连房，是为运送供品专设的，其他祭坛均无此设施。长廊宽达5米，是古代廊式建筑之最。长廊的南东侧为一马三箭棂条槛窗，另侧为砖墙，是宰牲院至厨库院与祭坛连接的封闭通道。届时廊内悬有黄纸灯笼照明。1937 年该廊撤去前窗和槛墙，改为园林式步廊。

长廊东端是宰牲院。宰牲院为长方形，东西长 37 米，南北宽 47 米。院西南有悬山顶过厅与长廊相通，院东墙设小型砖门。院中偏北坐落一重檐殿宇，即宰牲亭。宰牲亭前有宽阔砖砌月台。台前有六角琉璃井亭一座，内有古井一口。宰牲亭南向五楹，面阔 22.5 米，进深 13 米，殿顶为重檐歇山顶覆绿琉璃瓦。宰牲亭是屠宰牺牲专用场所，牲畜经宰杀去毛、去内脏等粗加工后，通过过厅送走，由专门的厨役经长廊抬送神厨，再进一步加工。

祈年殿东南，在长廊东端正南 100 米处，有一组雕凿着山形纹的巨石，散置平地，名为"七星石"，但实为巨石八块。

七星镇石，是东岳泰山的象征。七星石位居大祀殿东南与泰山方位相合。七石也与泰山七峰相印。后来乾隆朝在七星石东北隅增一小石，是重要的政治举措。泰山乃中华的象征，长白山和泰山一脉相传，以示满族亦为华夏民族的一员，以驳斥清代为外族入主中原的说法。七星石是中华一统的象征，它也表明各民族之间关系亲如兄弟，应提倡统一反对分裂。

六、斋宫

斋宫是皇帝的一处离宫，专用于祭祀前斋居。乾隆七年（1742），乾隆钦定"……冬至祭天前三日斋戒，其中二日在宫内斋宿，前一日诣天坛斋宫斋宿"。自此清代斋戒才形成定制。

天坛斋宫

乾隆十二年（1747）又定"斋戒前集百官先于午门前宣誓戒，随即入斋。陪祀王公宫内斋戒两日，天坛附近斋戒一日。官员在衙门斋戒两日，外省来京官员在天坛附近斋居三日"。

斋宫占地4万平方米，正殿只有五间而不用九间。主要建筑正殿、寝殿、宫门、屋面仅覆绿色琉璃，而不用帝王专用的黄色琉璃。主要建筑只选用了旋子彩画，枋心也只用什锦枋心，而不用和玺彩画。正殿前月台的丹陛石雕主题为瑞云，而不用"双龙戏珠"主题。宫内不建亭、台、楼、榭等园林建筑。斋宫内设钟楼不设鼓楼，甚至没有御膳房等。这些做法强调斋戒主题，以示帝王恭身自谦，只以晚辈自居，在"上天"面前，诚惶诚恐、谨小慎微。

斋宫平面呈正方形，四边均长200米，占地4公顷。四周环护御沟两道，宫墙两重。外御沟宽11.5米，深3.25米，周长800米。内御沟宽8.5米，略窄，周长350米。御沟驳岸均以城砖砌筑，沟上以矮墙作为护栏。外宫墙外侧，贴墙建有单坡屋顶步廊163间，供兵丁巡守之用。整座斋宫宫墙只有正东和正南、正北建有宫门，各宫门外御沟上架有石桥。

　　东宫门是斋宫正门，内外宫门均为三券洞砖门。墙体红色，绿琉璃瓦，歇山屋顶。宫门外御沟上对应券门架有石桥三座。此门只供帝王出入使用。斋宫内外宫墙设有南北宫门，均为单券砖门，是侧门，供当值官员、侍卫人员使用。

　　斋宫的两重宫墙，将斋宫分为外宫城、内宫城两部分。外宫城四个角落，各建有值守房一座，硬山卷棚顶、陶瓦，前无廊，供銮仪卫和防卫人员当值使用。在外宫城东北隅，建有钟楼一座，用于礼仪。皇帝进出斋宫以鸣钟迎送。

　　内宫城以墙相隔，分为前、中、后三院。

　　前院为礼仪用，只有正殿"钦若昊天殿"。该殿明间供皇帝进行有关进出斋宫礼仪之用，也供临时接见大臣之用。殿后有门通往寝宫。南、北次间、梢间供当值大臣值守用。

　　中院在钦若昊天殿后与寝宫之间，是窄长的过渡空间，仅南北两端各建有随事房一座。随事房硬山卷棚屋顶，灰陶瓦五开间，前出廊，明间设门。斋戒期间，分别作为主管太监和首领太监值守房。

　　后院即皇帝寝宫，有东、北、南三个入口。东门为正，是垂花门。门内正殿五间，为寝殿，是斋居期间帝王居所。殿后左（北）右（南）各建有随事房五间，形制同中院的随事房。左为纠仪房，是斋居期间的总值班室，负责有关礼仪调度和帝王生活安排。右为衣包房，负责皇帝冠袍及被褥存放和供应。在寝宫南北有地面较低的两个跨院，院内西端各依外墙贴建有单坡屋顶平房五间。北院五间为茶果局，南院为点心房，分别供应糕点小食和茶果饮品。总之，斋宫规模较之紫禁城规模小多了，但设施还很完备，虽不如皇宫宏伟壮观，却不失庄重典雅。

钦若昊天殿是斋宫正殿，位居正方形斋宫的几何中心位置，又名前殿、前券殿。该殿系大木式形制，庑殿屋顶覆绿琉璃瓦。建筑以砖拱券承重，不用木制梁枋，故又称作无梁殿。需要关注的是它檐下椽檩、斗拱、额枋、柱头均为仿木结构形式以琉璃烧造，饰以旋子大点金彩画，而且是七开间形制。实际该殿为五开间（五券洞），称"明五暗七"形式。大殿木制门窗原为双交四木宛菱花门窗。

该殿面阔南北47米，进深17米，面积约800平方米，各开间（券洞）前设门。明间后墙设后门以通往寝宫。殿内后部五个券洞间有南北通道连通。

殿外明间悬匾，墨地金书"敬天"二字（取自《诗经》，城南唐夫手书）而不悬殿名（殿名匾额悬于殿内）亦是皇帝自谦的表示。明间殿内南北阔 7 米，东西进深 14 米，券顶高 7 米，殿内后檐墙正上方悬额"钦若昊天"系乾隆壬戌（1742）冬至御笔。

殿后部南北通道前，原设有高约 3 米的木板隔断。其上左右有门，隔断前正中设宝座，宽 1.25 米，进深 0.8 米，高 0.55 米，为紫檀木精制。现宝座上端坐乾隆 40 岁蜡像，头顶朝冠衣着明黄色龙袍，面目平和，栩栩如生。

宝座后护桦梨木屏风，不仅起到防风防护作用，同时也突出帝王之显贵地位。皇帝所用屏风多为木雕"金龙屏风"（木雕九龙）或雕饰玉堂富贵、百福捧寿等题材。这里屏风却不落传统俗套，而精雕春、夏、秋、冬四季和渔、樵、耕、读四勤，体现帝王应勤政爱民、重农的意识。这座屏风高 3.15 米，宽 3.3 米，可组合装拆。其中间最大画面，宽 1.3 米，是以瘿子木板精雕而成的。这种板材是巨大树干上所生瘤体锯剖而成的，纹理精美，材质坚实，不翘不裂，稀有而珍贵，堪称镇殿之宝。宝座前左右陈放金炉、座灯各一对，冬季还增放铜熏炉（附有防护罩的炭盆，下有三足）。现殿内陈设为原貌。

正殿的次间和梢间面阔 5 米，与明间后部有横向通道相连通。各间后部通道前均有木板隔断相隔，中有板门。为前引大臣和御前大臣伺候所，相当于值班房。这些大臣分为两班，一班在这里当值，另一班在祈谷坛西天门外值守房休息，定时交班互换。

无梁殿前建有和大殿等长的月台。东西宽 12 米，高 1.2 米，平面呈"凸"字形，崇基石栏，东、北、南向三出陛，殿前陛中嵌有丹陛石雕，浮雕只用祥云图案。

月台上北侧有一窄高石亭，名"斋戒铜人石亭"。南侧置龛形小石亭称"时辰亭"。

寝殿是寝宫正殿，也称后殿。硬山起脊上覆绿琉璃瓦，檐下木构饰旋子彩画。寝殿面阔五间（原有前廊），阔 20 米，进深为 8 米。原殿南还设有浴室供斋居沐浴之用。

寝殿明间檐下悬匾，同于前殿，不书殿名只书"敬止"二字（墨地金书），以示敬谨小心。两侧檐柱有抱柱联曰"午夜端居钦曰旦，寅衷昭事格为馨"。以明示该殿用途。

殿内明间迎面为宝座床，床上明黄色靠背座。两旁装饰文玩、几架、花台，后护屏风。后檐墙正中悬额，上书"庄敬日强"。

该殿南北次间，分别为皇帝御书房和起居室。御书房内有龙书案，案上陈文房四宝和线装本的先皇斋居诗作。乾隆数十首有关祀天、斋居的御制诗多是在这里所作。

斋宫宫城面积大，设施完备，内有建筑230余间。实仅供帝王一夜斋居之需。

七、神乐署

神乐署，明永乐十八年（1420），天地坛初建时就在西门（今祈谷坛西天门）外南侧，与斋宫隔墙相对的位置建造了神乐观。神乐观是坛庙祭祀乐舞的管理机构也是乐班的驻地，隶属礼部太常寺。清乾隆时期更名为神乐署。

乾隆七年（1742）乾隆下特谕，对神乐署进行整顿。但是好景不长，到了嘉庆、道光时期，旧习逐渐复苏，署内不少乐员复为道士。茶馆、药店、酒肆陆续开始营业，出现 40 家店铺（其中药店是官方允许的，老年乐舞生可开药店以补助生活），回到了清初的混乱状态。嘉庆十三年（1808）再次整顿，取缔商铺 33 家，不准栽花。到了清末，神乐署故态弊病全部复旧再现，有过之而无不及。不仅茶楼、酒肆、药店林立，神乐署一带完全如民间庙会闹市一般，除搭棚卖小吃外，还出租屋舍，引入民人开设作坊（如小器作、牙刷作边做边卖）。直至清末神乐署问题，也未能彻底解决。到了民国三年（1914）袁世凯祭天前，袁出于自身安全，将药店驱赶出天坛，迁到前门外天桥一带营业，这些民俗活动才终止。

神乐署主要建筑凝禧殿是神乐署的正殿，原名太和殿。该殿主要用于祀前演习祀典和礼乐。清顺治二年（1645），紫禁城"皇极殿"更名为"太和殿"，于是北京城中出现了两个"太和殿"。直至康熙十二年（1673）康熙下谕："神乐观大殿所悬牌匾系太和殿三字，着改为凝禧殿。"从此该殿才改称为"凝禧殿"。其前有253年称"太和殿"，其中有28年两个太和殿并存。

凝禧殿东向，单檐歇山屋顶。大殿面阔南北37米，进深东西19米，殿内面积十分宽阔，能容上百人进退演习。殿内明间后檐悬额"玉振金声"，系乾隆御笔。殿外有宽大月台，演礼时舞生在月台上列队演舞。

显佑殿位于凝禧殿后方，也称后殿。该殿悬山殿顶，覆绿琉璃瓦，檐下饰旋子彩画。面阔 17 间，中 15 间为格隔扇门，两梢间为槛窗。大殿面阔南北 34 米，进深东西 16 米。该殿又称玄帝殿。原殿内供奉北方镇护神"真武大帝"神像，真武又称"玄天上帝""北极圣神君"。殿内前廊后厦系平日编钟、编磬等乐器陈放处。神乐署现展示有关祭祀乐舞供人们参观。

　　天坛作为祭天、祈谷的场所早已成为历史，但作为历史文化遗产，天坛的光辉形象，仍傲立于古都的南面。它是古代文化科技的载体，也是历史的见证，被人民完好地保存至今。它的光辉形象不仅是历史的标志，在世界上还是中国的象征，是古都北京的标志，在建筑史、文化史上有着极高的地位。

天桥史话

（赵兴力　天桥民俗文化保护办公室主任）

二、第二代"天桥八大怪"

一、"天桥八大怪"

三、第三代"天桥八大怪"

天桥，准确地说应当有两个含义：一是桥的本身，一是因桥而得名的地方。天桥形成历史溯源：其一，史籍《析津志辑佚》上只有"丽正门南第一桥、第二桥、第三桥"极简单的论述。到了明永乐年间，山川坛（天坛）和先农坛落成后，天桥一带地区的历史才算开始。

其二，天桥市场出现于何时，据《天咫偶闻》书中记载："天桥南北，地最宏敞。贾人趁墟之货，每日云集……今日天桥左边，亦无酒楼，但有玩百戏者，如唱书、走索之属耳。"这是最早记载商人在天桥设摊卖货，艺人在天桥卖艺的情况。《天咫偶闻》的作者震钧生于清咸丰七年（1857），卒于民国九年（1920）。该书刻刊于清光绪三十三年（1907）。书中所记，多是作者所见所闻，十分可信。所以根据《天咫偶闻》的记载天桥市场出现于清末。

其三，天桥市场范围有多大，当年在天桥市场卖艺的著名评书艺人连阔如在他著的《江湖丛谈》中是这样写的："天桥市场地势宽阔，面积之大，在北平算是第一。各省市的市场没有比它大的。东至金鱼池，西至城南游艺园，南至先农坛、天坛两门，北至东西沟沿，这些个地方糊里糊涂地都叫天桥市场。"

天桥市场

另外又如《北平日报》记者在 1930 年 2 月 16 日、17 日《天桥（商场）社会调查》上记载："天桥（商场）在前门大街南首，石桥西南面积不过二亩，地势略洼，夏季积水，雨后数以炉灰秽土。北隅又有明沟秽水常溢，臭气冲天，货摊陈杂，游人拥挤，此乃二十年前之天桥也。……天桥臭沟重修改为马路，桥南创建水心亭，面积已然扩大十倍，先农坛外坛拆除，桥东又建估衣市。如今天桥地基，纵横已有二十亩（估数）之外云。"

清光绪年间《顺天府志》记载："永定门大街，北接正阳门大街，有桥曰天桥。"这座桥是供天子到天坛、先农坛祭祀时使用的，故称之为天桥。据记载，最早建的天桥，南北方向，两边有汉白玉栏杆。桥北边东西各有一个亭子，桥身很高。光绪三十二年（1906），天桥的高桥身被拆掉了，改成了一座低矮的石板桥。后经多次改建，至1934年全部拆除，但是天桥作为一个地名一直保留了下来。历史上，天桥一带是一个有自身特色的区域，但不是一个正式的行政区划。

历史上的北京，一部分是以皇城为中心的皇家贵族的北京；一部分是由天桥为代表的平民的北京。到天桥逛的人，一个是想买点日用百货；一个是看一看各种民间艺术；再一个就是到天桥的吃食摊上品尝一下物美价廉的风味食品。

　　"酒旗戏鼓天桥市，多少游人不忆家"，著名诗人易顺鼎在《天桥曲》写下了如此脍炙人口的诗句。在民国初年，天桥真正成为繁荣的平民市场，被视为老北京平民社会的典型区域之一。正如著名学者齐如山在《天桥一览·序》中所述："天桥者，因北平下级民众会合憩息之所也。入其中，而北平之社会风俗，一斑可见。"

　　天桥因市场的兴起而繁荣发展，而这一市场，又是面向平民大众，集文化娱乐和商业服务为一体，文商结合，互为促进。它的兴起不仅是一个经济现象，也是一个文化现象。天桥在它发展过程中，逐渐形成了独特的天桥平民文化，因其生根于平民百姓之中，故虽历经沧桑，却能经久不衰。

　　天桥自出现了市场和商业群之后，到了清代已变得日益繁华与热闹。出现繁华与热闹的重要原因便是历代身怀绝技的各行业的民间艺人在天桥施展自己的艺术绝技。据统计，仅在清朝末年至新中国成立初期的半个多世纪里，相继在天桥卖艺的京剧、评剧、曲艺、武术、杂技等各种民间艺人多达五六百位。他们个个出类拔萃，艺术精湛高超，差不多可以说在他们的行业中达到了艺术的顶峰，天桥就是他们施展技艺的地方，是他们出卖血汗赖以生存的地方。他们繁荣了天桥市场，天桥市场也养活了几代民间艺人。没有这些民间艺人，也就没有天桥社会的底层文化的发展历史。

天桥地区的水心亭原是先农坛东北一片20余亩的隙地，1917年在这里开挖池塘，在池塘中心建造了一座小楼称"水心亭"。楼以席木构成，而有玻璃窗，东南西北皆可远眺。楼南之旷地，则引水种莲稻，里面种着荷花，每到夏天荷花尽开景色最佳。东北三隅，各建草亭，其形为八角、六角、三角。

围绕水心亭设三座木桥，游人可以通过木桥走到水心亭，也可以在池塘里划船。池塘四周开有不少茶社、饭馆以及杂耍馆等。许多江湖艺人在天桥"撂地"。所谓"撂地"就是在地上画个白圈儿，作为演出场子，行话"画锅"。锅是做饭用的，画了锅，有了个场子，艺人就有碗饭吃了。天桥市场的杂耍表演是一大特色，不但项目繁多，而且技艺高超。

1920年、1921年的两年之间，天桥发生了三次大火，水心亭逐渐萧条，后来改为公平市场。

一、"天桥八大怪"

天桥地区最出名的民间艺人就是"天桥八大怪","八大怪"产生于北京天桥，他们相貌奇特，言行怪异，身怀绝技，深为广大群众的喜爱。这"怪"字不可理解为"怪物"，而应理解为"怪才"或"怪杰"。至于为什么以"八"字名之，这只是中国人的一个习惯而已。在中国传统的文化里，历来有用数字来表示人、物、景的习惯。比如在人的方面有"八仙""扬州八怪""唐宋八大家"等。

其实"八"字在这里只是一个虚数，只是表示其多。"天桥八大怪"也是如此，我们所说的几代的"八大怪"只是数百名艺人中的几个主要的代表而已，是不限于"八"的。

历史上"天桥八大怪"共有三代人，第一代是指出现于清朝同治、光绪年间的"八大怪"，一般是指"穷不怕""醋溺膏""韩麻子""盆秃子""田瘸子""丑孙子""鼻嗡子""常傻子"等八位艺人。此外，这一时期天桥著名的民间艺人还有十几位，如河字颜、老万人迷、随缘乐、百鸟张、坛子王等人。其艺术形式包括说、拉、弹、唱、武术、杂技、写字、绘画等，其艺术风格与造诣，只有雅俗之分，而无高下之论，异彩纷呈，各逞英雄。

"穷不怕"真名叫朱绍文，是名没有中举的秀才，他大约1829 年生人，清同治、光绪年间在天津卖艺说相声。他祖籍浙江绍兴，世居北京。他的艺术活动主要在清同治、光绪年间。朱绍文幼年间在京戏班学戏，最后选择了说相声，在天桥撂地。晚年住在北京地安门外毡子房。朱绍文先是唱京剧花脸，扮相念打有所创新而遭受到嫉妒，于是改行说了相声，起名叫"穷不怕"，意思是表示自己虽穷但有做人的骨气，不怕任何人和事。

"穷不怕"不仅精通文墨，而且对汉字的音、形、义颇有研究。他表演时总要以白沙子撒成字形，边撒边讲字句中的道理，以此来招引观众看他表演，使人在笑声中学到知识。所以朱绍文对相声艺术最大的贡献是把"白沙撒字"的表演方式引进了相声中。朱绍文在说相声前，总是带着一小袋细细的白沙子，拿两块小竹板，夹一把大笤帚，在人多的地方用白沙子画一个大圆圈儿，这叫"画锅"，也就是围场表演的意思。然后他单腿跪在地上，一手以拇指和食指捏白沙在地上撒成各种字体或图案，然后拿两块小竹板击拍而唱，或引出各种趣活和笑料。一套节目表演完毕，用笤帚扫去地上的字，重写新字，开始说新的节目。他能用白沙写成一丈二尺的双钩大字，颇有形象，如"一笔虎""一笔福""一笔寿"等大字。大字下往往还有小字，许多字组在一起，就成为一首诗或对子。他经常撒的是一副对联，对联为"书童磨墨墨抹书童一脉墨，梅香添煤煤爆梅香两眉煤"。这副对联读起来像绕口令，巧妙而饶有风趣。还有"画上荷花和尚画，书临汉字翰林书"的对联也是如此。"白沙撒字"这种新鲜的表演形式吸引了许多观众，大家都愿意看，所以朱绍文的相声列为当时"天桥八大怪"之首。

"醋溺膏"是绰号，又名"处妙高"，本人名姓张。是清光绪年间出现在天桥专门演唱山西民歌的民间艺人。他以说笑话、相声为主，同时专门演唱山西的俚曲村调、山歌等。

他平时打扮得十分古怪，上地时手拈草珠，身穿纱袍，连鬓胡子老长，蓬头垢面，一副稀奇古怪的扮相。他的看家本领叫"暗春"，也就是今天所说的"口技"，其中学鸟叫是他的绝活儿。他学的鸟叫，包括各种禽鸟鸣声，婉转悠扬，惟妙惟肖，表演时如在鸟市上一般。

"醋溺膏"卖艺时演唱的情景，既是具有浓郁色彩的俚曲村歌，又有嬉笑怒骂讥讽时弊的言辞，加上表演中服饰动作的异样神态，使围之观众百看不厌，不忍离去。

过去老北京人口头上流传着一句歇后语："韩麻子叉腰——要钱。"这句歇后语就是久逛天桥的老北京人为早年"天桥八大怪"之一的韩麻子而专门创作的。

"韩麻子"，顾名思义，一听就知道此人姓韩，脸上长着满脸的大麻子，人们就不叫他的名儿而直呼"麻子"了。此人专以诙谐逗笑或学市面儿上各种生意小贩的卖货声融入所表演的节目中，甚有趣味。他的嘴尖酸刻薄，其村野之程度极不堪入耳。你再看他的长相也甚为古怪，面紫多麻，眉目间含有若干荡意，且将发辫盘于前面额角间，手执破扇一柄，每见其两唇掀动，两目乱转时，遂不闻其作何言语，亦不禁令人失笑。

"韩麻子"

　　每天演完了，"韩麻子"所得的钱，总比别的说相声的要多一些。这主要是他相声说得好，大伙儿都愿意听，都愿意给。再有就是大伙儿都怕他骂，不敢不给他钱。

　　"韩麻子"的"贯口"与"变口"等基本功极为娴熟，与他奇特的相貌相得益彰，同样是《三近视》《化蜡扦儿》等单口相声传统节目，经他一说，便有不同的韵致和使人发笑的魅力。乃至令人喷饭，捧腹大笑。所以每当他说完一段，叉腰站成丁字步时，大家伙儿总是纷纷扔钱给他。"韩麻子"说相声和要钱的神态，给观众留下了极深刻的印象。

　　"盆秃子"是该艺人的绰号，其真名实姓已无从可考。只因他在天桥敲瓦盆儿兼唱小曲儿，加上他脑袋秃顶，故而大家伙儿都叫他"盆秃子"。

　　"盆秃子"本人有两个明显的外貌特征，一是秃顶，只鬓角有些头发；二是走路时一拐一拐的，就像是《八仙过海》中的铁拐李一般。

　　"盆秃子"的表演与众不同的是，他表演时拿着一只大瓦盆，用一双筷子敲击瓦盆的不同部位，发出高低不同的响声，敲出的各种声调，再加上随口编出的词曲，抓哏博人一笑。

"田瘸子"是清朝光绪年间在天桥的杂耍场上专练盘杠子的民间老艺人，其本名已不可考。

此人幼年武艺极有功夫，因踢腿用力太猛遂致残废。但一个只有一条半腿的人能在杠上耍练各种技术动作，还是颇为怪异的。他每天带着一个徒弟来到天桥卖艺场地，先将杠架支好，而后让他的徒弟先表演一两招小玩艺儿，作为引场，然后他才一瘸一拐地走到场子上来。他在杠子上腾上翻下，手脚灵活地做各种动作，如单手大顶、噎脖子、左右顺风旗、燕子翻身、哪吒探海，变幻无穷，不可名状。观众看后无不喝彩称赞。每表演一次收钱进项可谓不菲。

"田瘸子"的身体虽残疾，但是有异乎寻常的力气，虎一般的迅猛和猿猴般的灵巧。他每逢演出时，总是先以几个简单的动作吸引观众，等到观众围拢后才逐一拿出看家的本事。他的许多高难度的精彩绝妙的动作表演，其名堂都与历史人物或神话故事有关，如白猿偷桃、刘伶醉卧、黄香卧席等。此外就是模仿性的动作形态，如"鸭子凫水""鹞子翻身""倒挂金钟"等。

"田瘸子"最精彩的动作是"骑杠"和"二指倒立"。"骑杠"是两腿前后分开骑于杠上，向前或向后连续旋转数圈儿，其股骨夹杠大致相同。"二指倒立"是以食指和中指着杠，将身体徐徐倒立起来，这是田瘸子"压大轴子"的节目，惊险无比，每练时全场观众齐声喝彩。

功夫深，有绝活儿，"田瘸子"既用表演揽住了观众，也使他长期以来在天桥站住了脚，甚至声名大震。

"丑孙子"姓孙，因长得丑陋，所以得了个"丑孙子"的诨名。他是清光绪年间著名的相声艺人，以扮怪相著称。

"丑孙子"最拿手的节目就是大年初一演"出殡"。他一个人演出模仿整个出殡的场面，表演得惟妙惟肖。他先是在一帐子模仿许多人的声音：二姑娘哭，三妯娌喊，四姑奶奶劝，五姨太太说，吵吵闹闹乱作一团。然后是"丑孙子"出了帐子，头戴麻冠，身披重孝，左手持哭丧棒，右手打着纸幡儿，摔着丧盆子，大声哭爸爸。哭一声，叫一声，以此逗观众捧腹大笑，以求大家扔钱给他。

"丑孙子"

"丑孙子"本来就已十分丑陋，再加以重孝缠身，干号不已，可谓出乖露丑之极。所以天桥市场上都知道"丑孙子"的大名。一为其怪，二为其戏谑。

"鼻嗡子"是一个怪里怪气，穷相毕露的无名氏艺人。他的
名字无人知晓，大伙儿都管他叫"打马口铁壶的"。他以洋铁筒
塞入鼻孔中，复将破洋铁壶悬于腰间，两手拉一梆子呼胡，一
边走一边拉，一边唱。有时兼打其腰间之破洋铁壶作鼓声，鼻
中所塞之铁筒作唱后之尾音。每唱一句，其煞尾之音即以鼻筒
代之，甚为可笑。

当他正式为观众表演时，还特意打扮一番，头上戴着花，
脸上抹着粉儿。当他在鼻孔里插上两根竹管儿"嗡嗡"发声时，
即用手拿一根小棍敲击着腰间挂的那只马口铁壶，即发出有节
奏的声响。同时嘴里和着竹管的曲调、铁壶的节拍唱小曲。大
家看他那手脚忙活的可笑的滑稽动作也会大笑不止，留下较深
印象。

"常傻子"表演的"砸石头"带有江湖艺人的色彩，"砸石
头"是为了兜售他治疗跌打损伤的成药。"常傻子"砸的石头

大多是鹅卵石。表演前，先由他的弟弟常老二拿两块石头对碰数下，好让观众听到响声，然后再递给观众用手摸一摸、看一看，辨一辨真假。这时候，"常傻子"边在一旁运气，把气运到手上。然后，接过石头放在一条板凳边上，找准位置后，只听"嗨！""嗨！"两声，手掌落下之处，石块已被砸碎。

"常傻子"

　　"常傻子"表演一阵"砸石头"后，便要向观众推销他的"百补增力丸"。他说他的"百补增力丸"有神效，一能强身壮骨，二能治疗跌打损伤，三能治闪腰岔气内外伤。还以他自己现身说法，说他自己就是吃了这种药才有这么大的力气，才能练成真功夫。据说，他兜售的药丸并无神效，但也不会把人吃坏，他之所以如此美化药丸，主要是为求生存而维持最低的生活需要。同时，他是以卖药的形式向观众要"打钱"。由此看来，有人说他卖艺带有商业性质还是不无道理的。

二、第二代"天桥八大怪"

第二代"天桥八大怪"，主要是指在辛亥革命以后出现在天桥民间艺人中的佼佼者和演技奇特怪异者。他们成名于天桥经济日趋繁荣的形势下，在众多的艺人中靠独特的演技脱颖而出以至拔萃，在京城影响较大。当时，在表演和艺术上成功的有二十多位，但各类史料记载和老百姓口头传诵者只有八位。他们是："让蛤蟆教书的老头儿"、表演滑稽二簧的"老云里飞"、装扮奇特的"花狗熊"、耍中幡的"王小辫儿"、三指断石的"傻王"、"耍金钟的"、数来宝的"曹麻子"、耍狗熊顶碗的"程傻子"。

"让蛤蟆教书的老头儿"，人们都不知道他姓什么，叫什么，只在天桥露了露头，就不知道到哪儿去了。但他却是辛亥革命后在天桥表演绝技的第二代"八大怪"之一。他的表演被世人称为空前绝后，是由于他会两手绝活儿：一是驯青蛙，二是驯蚂蚁。

这个老头儿长得又干又瘦，黄眼珠子，蝎腮，黄胡子稀稀拉拉，身穿一件灰色长袍，举止上十分斯文。上场子时总带着四件道具，一个大罐子，一个小罐子，一个细脖儿的瓶子和一块长方形木板。开场后，他把木板平铺在地上，先将大罐子口打开，嘴里头念叨着："到时间了，该上学了！"这时人们就看见从大罐子里爬出一只大蛤蟆，跳到木板上便蹲立在中间，昂着头像个高傲的先生站在讲台上。老头儿又拿过小罐，打开罐子口后又说："快上学了，先生都来了，学生怎么还不来上课呀！"这时只见从小罐口处，依次蹦出八只小蛤蟆，爬到木板上，面对大蛤蟆依次排成两行蹲下。等小蛤蟆蹲好了，老头儿又说："老师该教学生念书了！"再看大蛤蟆，仿佛听懂老头儿的吩咐一样，张嘴"呱"地叫了一声，小蛤蟆随着齐声叫一声。如此这般一叫一答，此起彼伏，真跟老师教学生似的整齐有致。就这样叫过一阵后，老头儿喊了一声："到时间了，该放学了！"这时，小蛤蟆先起身，依次蹦跳着爬回小罐里。大蛤蟆见小蛤蟆都进了罐子，它才慢慢悠悠地起来爬回大罐子里去。

"让蛤蟆教书的老头儿"

就在人们围在四周纷纷惊叹不已的时候，老头儿又拿过细脖儿瓶子，打开盖子后嘴里喊："快出来排队，上操了！"只见从瓶子里爬出密密麻麻的黑黄两色蚂蚁。老头儿一边喊着："别乱，快排好队！听着，立正，看齐！"老头儿一边下着口令指挥蚂蚁，一边用手撒些小米。只见混杂在一起的无数只黑黄两色蚂蚁，按照颜色很自然地排成两队，其两队中绝对没有一只混杂其间的蚂蚁。过了一会儿，老头儿又喊道："该收操了！"原本整齐的队伍顿时乱成一锅粥，乱乱哄哄你争我爬地又回到细脖儿瓶子里。

听说过有驯鸟和驯兽的，而且不难看到，但历史上从来没有过驯蛙、驯蚁的节目。这在古今演艺圈中也确实十分罕见。如果不是亲眼所见，对老头儿怪异的表演，特别是青蛙、蚂蚁如此俯首帖耳任人操纵，定会感到不可思议，肯定认为是无稽之谈。然而见过老头儿表演的人提及此事无不津津乐道。

"老云里飞"原名庆有轩，又名白庆林，是清光绪末年至20世纪30年代在天桥演出滑稽二簧的著名民间艺人。

　　"老云里飞"，幼年时曾在嵩祝成［清同治三年（1864），由太监联名组成］科班坐科，初学武把子，后学"开口跳"（传统戏曲角色行当，武丑的俗称），十岁即登台唱戏，曾扮演过《三岔口》中的刘利华，《连环套》中的朱光祖等擅长武艺而性格机警、语言幽默的人物。他的跟头翻得又高又快，在空中翻转一圈才落地，这个动作在京剧舞台上被称为"云里翻"。因此后来他在天桥撂地卖艺之后，自称"云里飞"。

　　"老云里飞"武功根底扎实，能翻能打。他演唱时既没有戏装、盔头，也没有化妆。他用一顶纸烟盒糊的帽子和一件大褂，权当演出时的装扮。表演时他一人能同时扮几个角色，连说带唱，语言幽默诙谐，观众十分爱看他的表演。

　　"老云里飞"在光绪二十五年（1899）拜评书艺人亨永通学说《西游记》，于每次说书时，都以渔鼓为号，兼卖"沉香佛手饼"。又由于他昔日坐科有良好的基础，所以他的表演是说唱与功夫相结合。每次说书前渔鼓敲打之后，先唱一段与评书内容有关的戏词，然后书归正传。他的说唱生涯约二十多年，1934年后逐渐销声匿迹。

"花狗熊"是河北定兴县人。他以黑墨涂面，用大白粉画眼圈、鼻梁子和嘴，头上戴假小辫儿，加上他胖乎乎的五短身材，扮相奇特，所以得了个"花狗熊"的外号，在天桥也是数得着的人物。

"花狗熊"在天桥演出时，总是和自己的老伴儿合作。"花狗熊"个儿不高，人又胖了点儿，一张圆脸上布着几条深深的皱纹。他是用锅灰涂脸，把一张胖脸涂得乌黑，然后用白灰画眉毛，头顶上戴个假小辫儿，两只眼睛显得特大，可老是恍恍惚惚的样子。他上身穿的是一件补丁摞补丁的黑布褂子，裤子上也补着补丁，往场中一站，真是又呆又傻的花狗熊了。

他老婆就更逗人了，长得模样也还可以，眼角眉梢一笑一挑，风流无限。她穿上红衣、绿裤、红鞋，再把脸抹得稀奇古怪的，看上去就使人觉得可乐。特别是她头上的短辫子，长发绾过来，又折成三截，用红毛线一扎，活像个七八寸的短棒槌。加上她故意走路时一俯一仰地摆动脑袋，那短辫在脑后一低一昂地引人发笑，确实有些不雅观。但是在那个年代，只能用这种低级庸俗的表演迎合市民的心理，只能用这种办法吸引观众。

"花狗熊"

"花狗熊"夫妻二人，每天都是一前一后，边走边扭来到天桥市场。一路上便招来了一大群寻开心的观众，等到了一处较大的空地上，"花狗熊"便掏出白粉往地上画个圈儿，人们也就围着圆圈站好，这时他们的正式演出便开始了。夫妻二人在艺术造诣上可能是都不太高，但很多人还是挺喜欢看他们的装扮和表演的。他们在场上扭一会儿，唱一会儿，唱了扭了，"花狗熊"老婆便把铜锣翻过来向观众讨钱，要过钱后又接着表演。

"王小辫儿"身材壮实，个子不高，脑袋很大，圆乎乎的脸，头发稀疏。留的那个辫子，同脑袋比起来就显得小多了。因此，"王小辫儿"就成了他的外号。

"王小辫儿"耍的中幡上写的字是与其他中幡不一样的，他的幡面上横书"京都王小辫"五个大字，竖写"以武会友，晃动乾坤"八个大字，显得豪爽气派。

"王小辫儿"耍中幡，他只要往场子中央一站，幡竿上的小旗在空中一摇，铜铃便哗楞楞地响个不停。这时观众便似潮水般涌过来，越聚人越多，将场子里三层外三层地围个水泄不通。叫好声、喝彩声、掌声连绵不断，仿佛要把整个天桥都震动摇晃起来。

他的绝技是断梁。他双手把中幡抖动起来，扔向空中，等中幡落下时，用鼻梁骨接着。凡是观看的人，那真是觉得惊险无比，无一不为他捏把汗。

　　天桥的"傻王"开石，颇为广大观众所瞩目。"傻王"会气功。他运气之后，胸部和腹部可以禁得住千斤石块的压力。他宽阔的胸膛隆起一块一块的肌肉疙瘩，好似铜墙铁壁一般，斗大的石块砸在胸上，跟夯地似的，"砰砰"直响，可没砸几下，石头竟碎了，而胸部却安然无恙，一点儿事也没有。这就是人们常说的"以胸碎石"之功。

　　"傻王"的表演与别人不同之处是，他自己手捧大石头往自己裸露的胸部猛砸，虽袒胸裸腹，赤膊上阵，但他高深的功夫能使石碎而胸无恙。"傻王"的"铁掌拍石"和"三指断石"更是见真功夫。"傻王"先将气运到手掌，然后"嗨！"地大喊一声，半尺多厚的石块立刻被拍成碎瓣儿。"三指断石"也确有惊人之处。"傻王"将所运之力贯于食指和无名指，并拢后，他虎目圆睁，凝神于石上，三指随吼声猛击石面，如刀砍斧斫一般，将石头拦腰切断，再看他的三根手指头，活动自如，安然无恙。观众无不为之拍手称赞，助威之后，纷纷向场地上扔钱。

"耍金钟的"，是以表演与观众直接沟通而让围观者倍感新鲜有趣而名声在外。他耍金钟所用的道具，是一口用水银擦得锃亮如镜子一般的小铜钟。他将几幅画贴在木板上，这几幅画从平面上看去不成比例参差不齐，这些画经弧形的铜钟一照，映在铜钟上便又成比例整齐了。他再转动铜钟，画上的人物、花鸟、树木、车船等东西就都活动起来了。

"耍金钟的"在表演时，他还让观众过来站在铜钟前去照照，映出的影像就会又瘦又长，就跟站在哈哈镜前的感觉一样。观者在感到稀奇有趣之外，往往都会不禁到镜前试上一试，切身体验一下。在新鲜感的驱使下，围观者每日都不少。

"曹麻子"本名叫曹德全，北京大兴县青云店人，农民出身。"曹麻子"个头大，一副猫脸，上面有几颗稀疏的麻子，两只眼睛总是眯缝着，显现出滑稽相来。他的头上总戴着一顶旧呢子帽，长头发绾着一短棒槌，浑身上下可能就是他手里拿着的那对牛胯骨还值点儿钱。他那两片牛胯骨不比别的东西，俗名叫"金钱骨"，一片足有二斤半重，两块就是五斤。略呈扇面形的两片骨头上下钻两个眼儿，上面各系有一个大铃铛，一个红绒球，下面还缀一块尺余长大红布。他一面敲打牛胯骨，一面数来宝。"曹麻子"的脑袋瓜特别灵，口齿还伶俐，看见什么说什么、想到什么说什么，不用事先编好，出口便能说上一段，真是演艺高超，骨头一敲钱就来。

"曹麻子"以自己的聪明才智，善于创新，根据历史重大事件创作了《推翻满清》《北伐成功》及《大实话》等一系列脍炙人口的唱段。其中不仅有较高的艺术水平，而且还具有深刻的思想意义。譬如《推翻满清》具有十分鲜明的艺术特点和反帝反封建的民主思想。

"程傻子"又叫"程狗熊"，但他的真名叫程福先。杂技之乡的河北吴桥县人。他来天桥撂地卖艺后，把家眷也从老家接来了，他在天桥表演时总是先耍狗熊后顶碗。

"程傻子"驯养的是一只黑熊，体形肥大，性情凶悍，但对主人程傻子却俯首帖耳，十分听话，所表演的一招一式都很出色。这只狗熊能由易而难地逐一表演作揖、磕头、直立行走、前掌摇串铃模仿江湖算命先生或江湖郎中、钻竹圈、蹬木球、耍扁担、拿大顶、翻跟头、耍钢叉、与人摔跤等。每逢表演完一场之后，"程傻子"便喂点儿东西给狗熊吃，顺手拍拍它的脑袋，表示鼓励。

耍完狗熊后，程傻子便开始表演顶碗的节目。十三个大小不等的瓷碗一层一个，一直摆到十三个，从下到上碗越来越小，远望过去，就像一座十三层的玲珑宝塔一般，使在场的观众无不惊叹。顶碗之后，他还要做出倒立、卧鱼等高难动作，使围观的人群在惊叹之中无不叫绝。顶碗表演不仅技巧要精，还要有灵活的腰腿与充足的力气。确实，这也真是"程傻子"的一手绝活儿。

三、第三代"天桥八大怪"

第三代"天桥八大怪"活跃在20世纪40年代前后，这时正是天桥最繁华热闹，也是最为动荡不安的历史时期。在这段时期里，天桥涌现出来的著名民间艺人可谓灿若星河。第三代"天桥八大怪"为："云里飞""大金牙""大兵黄""焦德海""沈三""蹭油的""拐子顶砖""赛活驴"。

"云里飞"是"老云里飞"之子，原名白宝山，艺名"毕来风"。跟头翻得好，一口气能翻四十多个。善演滑稽二簧京剧，用大纸烟盒作乌纱帽，用长头发系在细铁丝上作胡子，用根粗铁丝粘上鸡毛当作雉翎，用一根芦苇系上红绿绳便成了马鞭子。帮手能演生旦净末丑外带武行跑龙套，很能吸引观众。两手绝活：一是把舌头伸出来贴在鼻梁上；二是把耳朵捏巴捏巴能塞进耳朵眼儿里。

"大金牙"原名焦金池，河北河间县人，因身材矮胖、小眼睛、大嘴，笑起来露出口内镶的一颗金牙，才得了一个绰号，人称"大金牙"。善"拉洋片"，也叫"西洋景"或"拉大画儿"，把大幅彩色图画装在大木箱的后边，箱子有十个圆形透明镜片，镜片外边，游人坐在长条板凳上哈腰对着镜片往里看，边看边听艺人的唱词。每换一次，艺人就站在洋片箱架边拉响木架上的扁鼓、锣和钹。乐器分三层，有三条拉杆上下活动，一拉绳子三种乐器都响，非常悦耳。艺人站在板凳上，连说带唱。天桥"拉洋片"有五六处之多，但都没有"大金牙"挣钱多。

"大兵黄"原名叫黄才贵，清末当过兵，清政府垮台之后，就在天桥以卖药糖为生。大个子，平时总穿一件灰布长衫，外套黄色马褂，头上还留着辫子。肩上挎一个口袋，拿着一个葫芦，葫芦里头装的都是药糖，一边骂街一边出售药糖，骂街的内容都是关于各个时期的军阀统治者，骂出了老百姓的心声，因此受到群众的欢迎，当年天桥老百姓管他叫"大兵黄"。

"焦德海"是"穷不怕"的徒孙，深得相声表演艺术的精髓，将诸多单口相声发展为对口相声，对相声艺术的发展有很大的贡献。他人长得精瘦，细长挑，光头，说相声时不使怪脸，没有夸张表情，可甭管说什么段子，经他嘴里一说，观众都忍不住要笑。他说的段子大多是自己编的，他的许多徒弟后来都成了名家。

"沈三"原名沈友三，身材高大，虎背熊腰，是京城有名的跤手，曾击败过俄国大力士。"沈三"还表演气功，常表演的是"双风贯耳""踢砖"等。"双风贯耳"是在地上放一块砖，表演者侧身躺下，耳部枕在砖上，上边耳部再压3块砖，另一人手执大铁锤往下砸。一锤下去，上边三块砖击碎，耳下一块砖也被震碎，而表演者安然无恙。"踢砖"是将一块砖立在地上，前后各放一碗水，然后猛踢一脚，砖头上半块飞滚出去，而下半块砖立着不动，两碗水竟一滴不洒。

"蹭油的"的原名叫周绍棠，东北人，以兜售自制的去油皂为生。从面前走过的路人，只要衣服上有油渍，就一把拉住，用去油皂往下擦，一边擦一边念叨："蹭、蹭、蹭啊，蹭油的呀，掉、掉、掉，油儿掉啦!"蹭油免费，以此推销去油肥皂。

俗话说"天桥的把式——光说不练。""拐子顶砖"正相反，是"光练不说"。一个残疾乞丐，不论寒暑，每天找个路边，跪在那里，垂目合掌，头顶100多斤的一摞方砖，呈宝塔型，约五六尺高。身前压一纸条，上写："拐子要钱，靠天吃饭，善人慈悲，功夫难练。"等到要够一天饭钱，便把一块块砖卸下来。这时人们可看到他头顶露出一个拳头大小的深坑，可见功夫确实难练。

"赛活驴"原名关德俊，他有个驴形道具，是用布做的。套在身上，两条腿就是驴后腿，握住木拐的双手就是驴的前腿。

弯下腰，头伸进驴脖子的头形之中，内有望孔，可以看到外面。妻子化了装骑在驴背上，打着竹板唱莲花落。驴子走动时，还表演各种动作，如驴子撒花儿、驴尥蹶子、驴失前蹄等。手脚并用，上下自如，人称"赛活驴"。

前门史话

（郭豹　北京正阳门文物管理处主任）

一、正阳门和前门是一回事吗？

二、前门楼子高是九丈九吗？

三、正阳门的历史变迁

屹立在北京天安门广场南端的正阳门，是中国明清北京城内城的正南门，也被老百姓俗称为"前门"。在京师诸门中，正阳门的规制最为隆崇，正阳门城楼高度不仅位居内城九门之首，而且比皇城的天安门城楼还要高9米。正阳门箭楼是内城九门中唯一开门洞者，箭楼门洞平时不开，只有皇帝出行或郊祀时才开启。正阳门不仅是中国封建社会后期城市布局、军事防御、礼仪制度和建筑艺术的形象体现，也是老北京历史文化的重要载体、北京老城的象征之一。

著名历史地理学家侯仁之，于1931年来到北京就读于潞河中学，50年后他在为瑞典学者喜仁龙《北京的城墙和城门》一书所作的序言中深情地回忆道："当我在暮色苍茫中随着拥挤的人群走出车站时，巍峨的正阳门城楼和浑厚的城墙蓦然出现在我眼前。一瞬之间，我好像忽然感受到一种历史的真实。从这时起，一粒饱含生机的种子，就埋在了我的心田之中……"

《前门情思大碗茶》的歌词中写道："我爷爷小的时候，常在这里玩耍，高高的前门，仿佛挨着我的家，一蓬衰草，几声蛐蛐儿叫，伴随他度过了那灰色的年华。……如今我海外归来，又见红墙碧瓦，高高的前门，几回梦里想着它，岁月风雨，无情任吹打，却见它更显得那英姿挺拔。"

对老北京人而言，前门楼子太熟悉不过了，已经成为他们心中永恒的记忆和浓得化不开的乡愁。但是，还有很多细节，很多人并不了解，有的记载也是错误的。

一、正阳门和前门是一回事吗?

很多人分不清"正阳门"和"前门"的区别。有人说,位于天安门广场内的那座楼阁式古建筑叫正阳门,而在前门步行街的那座堡垒式古建筑是前门。文物部门在两座建筑前树立的保护标志上,分别称为"正阳门""正阳门箭楼"。这些说法都不准确,原因是对城门的结构和正阳门的历史不够了解。

明清北京城的城门,不单是指城墙下面开辟的通道,也不仅是指城门洞上面的城楼,而是一组完整的军事防御建筑,包括城楼、箭楼、瓮城、闸楼。

古人"筑城以卫君,造郭以守民"。建了一圈高大的城墙,还得在一些地方开辟门洞以便行人出入。不过平常老百姓能进出的城门洞,等敌人来了,这里就是最薄弱的防御地带。所以,

北京中轴线史话

正阳门城楼、箭楼、瓮城及东西闸楼

古人就在城门洞的外面，筑了一座圆形或方形的瓮城，加强对城门的保护。瓮城城墙侧面或正面开有门洞，上有闸楼。在敌人来进攻的时候，守城的军队也可以有意识地放一部分敌军进入瓮城内，然后居高临下，射杀敌军，来个"瓮中捉鳖"。城门洞上方往往建有巍峨壮观的城楼，守城将领能够登高远眺。有的时候，在瓮城前端的城墙之上，建有堡垒式的箭楼，朝向城外的三面开有箭窗，可以对外射击，进一步增强了防御功能。

在明清时期，二者不是分开的，而是用瓮城城墙连在一起的，形成一组完整的建筑，统称正阳门。如果分别叫，一座叫正阳门城楼，一座叫正阳门箭楼。而不是一座叫正阳门，一座叫正阳门箭楼。

怎么样区分城楼和箭楼？二者有三点不同。

其一，功能不同。城楼一方面标识出城门洞的位置，另一方面可以供守城将领登高眺远、指挥作战；箭楼是专门用于对外防御射击。

其二，位置不同。城楼坐落在城墙之上，城门洞的正上方；箭楼则位于瓮城前端。

其三，外观不同。城楼是楼阁式建筑；箭楼是堡垒式建筑。

城楼下面一定有城门洞。但是，箭楼下面一般是不开门的，因为它的功能是军事防御，而不是供行人通行的。如果要进城，要先从瓮城侧面的闸楼下开的门洞进入瓮城，然后再穿过城门洞进城。

明清北京内城是在元大都的基础上而建成的，开有九座城门。城楼、箭楼、瓮城、闸楼这样完备的城门建筑规制是在明正统四年（1439）得到完善的。内城九门中，八座城门的箭楼下面都没有开门洞，而只有正阳门例外。

正阳门不仅东西瓮城两侧各开一个闸楼门洞供老百姓通行，而且在箭楼下面也开有门洞。不过这个门是专为皇帝出行而设的，普通老百姓是不能由此出入的。

　　明清北京外城是嘉靖三十二年（1553）增筑的，开有七门。但当时并没有瓮城。嘉靖四十一年（1562）建成了瓮城，但只是在瓮城城墙前端的中央开有门洞，这个门洞上方当时还没有盖箭楼，只是光秃秃的一个平台。到了清乾隆时期，才在瓮城前方门洞的上部增盖了箭楼。所以，和内城的箭楼不同，外城七门的箭楼下面是有门洞的，皇帝和老百姓都从这里进出城。

　　知道了城门建筑的结构，大家就能很清楚地将正阳门、正阳门城楼和正阳门箭楼的概念加以区分。而且还可以知道，现在我们能够见到的明清北京城的两座城门建筑——德胜门、正阳门，都不是全套的了。

　　德胜门在1915年修环城铁路时拆除了瓮城和闸楼。1921年德胜门城楼因为残破很严重，在九门城楼中首先被拆除。1964年因为修地铁，德胜门城墙被拆除。保留到现在的只有箭楼，它的下面是没有门洞的。但很多人没有搞清楚城楼和箭楼的区别，误称它为"德胜门城楼"。

　　正阳门在民国时期为了解决交通拥堵问题，1915年拆除了瓮城和东西闸楼，城楼和箭楼从此分了家，同时对箭楼外观进行了改造。这就是我们目前看到的正阳门城楼和正阳门箭楼。

搞明白了正阳门的结构和历史，那么"前门"和正阳门是一回事吗？

我们先了解一下前门的地名是什么时候出现的。目前文献中能查到的是在明末时期。明代文学家凌蒙初（1580—1644）在《二刻拍案惊奇》提道，"此病惟有前门棋盘街定神丹一服立效，恰好拜匣中带得在此"，"这定神丹只有京中前门街上有的卖"。这里的"京中"，指的是北京；棋盘街，在北京正阳门与大明门之间。当时南京也有正阳门，但并没有棋盘街。所以，该书中的"前门"，就是指明清北京城的正阳门。在明末清初史学家计六奇的《明季北略》卷十九中，也有"六月初一，（周延儒）辞陛于前门之棋盘街，仍赐银一百两为路费"的记载。

前门是位于谁的前面？在明清时期，正阳门是包括城楼、箭楼、瓮城、闸楼在内的一组完整的建筑，它整体位于宫城（紫禁城）和皇城的正前方，所以叫作"前门"。

不过，现在很多人把正阳门箭楼叫作"前门"。又是什么原因呢？是不是因为箭楼位于城楼的正前方呢？这还得从正阳门城楼和箭楼的"分家"说起来。

正阳门宅中定位、经纬四通的地理位置优势，使这一带从明代开始就非常繁华。1644 年清朝定都北京后，下令内城只许八旗军民居住，把原来居住在内城的汉人强迫迁到外城，客观上又促进了位于内外城交界点上正阳门地区的繁荣。正阳门外车马辐辏、商贾云集、店铺林立，热闹非凡。清末京奉、京汉两铁路正阳门站建成后，原本就很繁华的正阳门周边人流、车流更加密集，交通堵塞极其严重。

1914 年，为缓解交通拥堵，内务总长兼北京市政督办朱启钤向大总统袁世凯提交《修改京师前三门城垣工程呈文》。得到批准后，朱启钤主持正阳门改建工程，改造方案则委托德国建筑师库尔特·罗克格（Curt Rothkegel）制定。1915 年 6 月兴工，同年 12 月 29 日竣工。正阳门瓮城被拆除；在城楼两侧城墙各开门洞两座；修建了马路；箭楼的改动较大，增加了"之"字形登城马道，城台东西两侧添建了欧式"绶带悬章"造型各一尊，城台上箭楼外部增建了一圈仿汉白玉的水泥露，一、二层箭窗上添加了弧形遮檐，具有非常鲜明的欧式风格。

正阳门瓮城拆除后，城楼和箭楼分成了两个独立的单体建筑。正阳门箭楼经过改建，中西结合的风格独特而鲜明，非常引人注目。当时出的"大前门"香烟上，就用了正阳门箭楼的图案。外地来京的游客看到正阳门箭楼，问当地人这座建筑的名字，老百姓就说这是"前门楼子"。长此以往，之后再提到"前门"时，越来越多的情况是专指正阳门箭楼。"前门"一词的名气越来越大，如今许多人只知道前门而不知道正阳门，更不知道前门和正阳门是什么关系。

综上所述，明清时期，正阳门是包括城楼、箭楼、瓮城、闸楼在内的一组完整的军事防御建筑，因其位于皇城和宫城的正前方，所以叫作"前门"。"正阳门"是官方称呼，"前门"是老百姓的俗称。至少到明末，就已经有了"前门"的叫法。1915 年正阳门城楼和箭楼分了家，之后越来越多的老百姓把正阳门箭楼称为"前门"。不过，如果是官方介绍这两座建筑，还应该准确地表述为"正阳门城楼""正阳门箭楼"。此外，"前门"除了指正阳门这座古建筑外，还经常泛指正阳门外包括前门大街、大栅栏、鲜鱼口等在内的繁华街区。

二、前门楼子高是九丈九吗?

老北京有很多关于前门楼子的歌谣,如:"要说九,净说九,前门楼子九丈九"(1936 年 5 月 23 日北京大学编《歌谣》周刊);"前门楼子高不高,三张三,六丈六,十丈不够九丈九"(雪如编《北平歌谣续集》)。此外,还有"前门楼子九丈九,四门三桥五牌楼""前门楼子九丈九,大栅栏对着鲜鱼口""前门楼子九丈九,九个胡同九棵柳"等民谣。

那么,前门楼子高是九丈九吗? 过去有很多介绍老北京历史文化的书中对此有解释,但解释都是错误的。

此前的书上是怎么解释的呢? 他们认为,"九丈九"不是实指,前门楼子高度并不是九丈九,"前门楼子九丈九"的说法主要是为了表明前门的高大、气势恢宏。依据是什么? 清代一营

造尺约折合现在的 0.32 米，则九丈九折合为 31.68 米。2005 年
正阳门城楼、箭楼进行了大修，修缮前北京市古代建筑研究所
进行了测量，测得正阳门城楼从室外地平线到屋顶正脊上皮为
43.65 米，箭楼高 35.37 米，均高于九丈九。

这种说法犯了一个致命的错误。从下到顶计算"九丈九"，
顶部的位置没有问题，但下部测量的起点，并不是从城墙基础
的地面高度算起，而应该是从古建筑所在的城台之上的地面高
度算起。换句话说，"九丈九"应该只计算古建筑本身的高度，
不能把下面的城台高度加进去。

这样的算法可以从袁世凯的奏折中得到证明。

1900 年，正阳门箭楼、城楼先后被火毁。光绪二十八年
十一月二十六日（1902 年 12 月 25 日）上谕，正阳门工程命
直隶总督袁世凯、顺天府尹陈璧核实查估修理。工程于光绪
二十九年闰五月初七（1903 年 7 月 1 日）开工，经过三年的时
间，至光绪三十二年（1906）五月，"阙楼、堆拨房、将台、千
斤闸等工程均已报竣"。

在开工之前，袁世凯、陈璧于光绪二十九年二月二十三

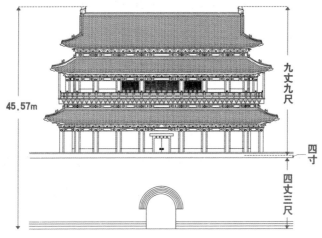

袁世凯重建的正阳门城楼高度示意图

日（1903 年 3 月 21 日）上了一封奏折，就设计方案征求慈禧太

后和光绪皇帝的意见，其中提道："今拟除城身不计外，正阳门

大楼自地平至正兽上皮止，谨拟九丈九尺，较崇文门大楼高一

丈六尺二寸，较宣武门大楼高一丈六尺八寸。正阳门箭楼自地

平至正兽上皮止，谨拟七丈六尺三寸（合门尺改为七丈六尺七

寸），较正阳门大楼低二丈二尺七寸（改为低二丈一尺三寸），

较宣武门箭楼高七尺八寸。后仰而前俯，中高而东西两旁皆下，

似与修造做法相合，而体格亦尚属匀称。"

"城身不计"，就是说不计算城台的高度；"正阳门大楼"指的就是"城楼"；"地平"是指地面；"正兽上皮"指的是屋脊上鸱吻的顶端。由此可知，在正阳门重建设计方案中，城楼的高度是按"九丈九"的高度设计的，不算下面的城台。

光绪二十九年十二月（1904年1月）的时候，袁世凯、陈璧又上了一封奏折："正阳门楼原建丈尺无案可稽……今拟除城身不计外……正阳门大楼一座，由柱顶上皮至正兽高九丈九尺，柱顶鼓径高四寸，通高九丈九尺四寸，按尺寸核算六十八尺八分二厘，辅弼吉星。……箭楼，原拟由柱顶皮至正兽，高七丈六尺三寸，谨按门尺详细核算与吉星不符，柱顶鼓径高四寸，今拟重檐金柱并头停增高二尺，通高七丈八尺五寸，按六尺核算五十三尺九寸，辅弼吉星。……大楼下城台，城身明高四丈三尺。……箭楼下城台，城身明高四丈一尺。"

这封奏折中更透露出一个信息，原定的设计方案是从城台上的地面到屋脊鸱吻高九丈九尺。但是计算了一下，和风水不符合。怎么办？改为从柱础顶面到鸱吻高九丈九尺，加上柱础高度四寸，共计九丈九尺四寸，做到了"辅弼吉星"。箭楼的高度也一样经过风水堪舆后进行了调整。

综上所述，前门楼子高确实是"九丈九"，是实指，不是虚指。这个高度指的是城楼，而且仅仅是建筑本体的高度，不含城台的高度，不是从地面到屋脊鸱吻的高度。正阳门城楼、箭楼在重建之初就考虑到要比两侧的崇文门、宣武门高，而且还因为风水的问题对设计高度做了微调。因此，"前门楼子九丈九"也不是为了表明前门的高大、气势恢宏，而是有着规制、风水两方面的考量和要求的。

还有一个小问题。按以上奏折，袁世凯主持重建的正阳门重建工程中，正阳门城楼连同下面的城台通高十四丈二尺四寸，折合约 45.57 米；正阳门箭楼连同下面的城台，通高十一丈九尺五寸，折合约 38.24 米。和 2005 年测量的 43.65 米、35.37 米两个数据还是对不上。为什么会是这样？单纯的测量误差不会有这么大。一种可能的原因是，从清末到现在，正阳门一带的地面经过了多次施工铺垫，高度已经大大抬升了。

三、正阳门的历史变迁

明清北京城平面呈"凸"字形，包括内城和外城。内城里还有皇城和宫城（即皇宫、大内、紫禁城，今故宫）。

内城是明初在元大都城垣基础上改建的。元大都城规模宏大，占地约 50 平方千米，从外向内有外郭城、皇城、宫城三重城垣。其中外郭城周长 28.6 千米，共设十一门。东为光熙、崇仁、齐化；南为文明、丽正、顺承；西为平则、和义、肃清；北为健德、安贞。各门的命名寓意美好，多契合《周易》。如丽正门，取《周易》"日月丽乎天"之意；文明门，取"文明以健""其德刚健而文明"之意；顺承门，取"至哉坤元，万物滋生，乃顺承天"之意；健德门，取"乾者健也，刚阳之德吉"之意；安贞门，取"乾上坎下……安贞吉"之意。

正阳门的前身是元大都的正南门——丽正门。明洪武元年（1368），徐达攻克元大都，改名北平，将其北垣南缩五里新筑。东、西城墙北边的光熙门、肃清门被废，改北城垣的"安贞门""健德门"为"安定门""德胜门"。永乐元年（1403）改北平为北京，并定都于此。永乐十七年（1419），将元大都的南城墙南拓二里，新筑的南城垣仍开三门，中间"丽正门"的名称未变，但位置已不同于元大都的丽正门位置。至迟到洪熙元年（1425），丽正门改称"正阳门"。

正统元年（1436），太监阮安等受命对北京城垣进行大规模修整：修葺了九门城楼；增建箭楼、瓮城、闸楼；各门外立牌楼；疏浚挖深护城河，用砖石砌筑护坡；护城河上木桥改建为石桥。正统四年（1439）完工。至此，正阳门成为一处规制完备、宏伟壮丽的建筑群。

嘉靖年间，为防御蒙古部落入侵，拟在内城之外增筑一圈城墙，嘉靖三十二年（1553）开始修筑，但因财力不足，仅修筑了南面，完工的外城长二十八里，设七门。北京城独有的"凸"字形格局由此确定。嘉靖四十一年（1562），外城七门加筑瓮城。

清代对北京城只是小修小补。乾隆时期，在外城七门的瓮城之上增建了箭楼。

正阳门作为明清北京内城的正南门，坐落于北京城的中轴线上，位于宫城和皇城的正前方。其显要的地理位置，使其在封建帝王时代，除具有城门的军事防御和交通往来的功能外，还兼有内向"仰拱宸居"、外向"隆示万邦"之用，因而成为一座礼仪之门。命名"正阳"，是取"圣主当阳，日至中天，万国瞻仰"之意。

正阳门城楼为重檐歇山三滴水楼阁式建筑，屋顶为灰筒瓦，绿琉璃瓦剪边。面阔七间。连廊通宽 41 米，进深三间，连廊通进深 21 米。上、下两层四面均开门，二层外有回廊。城楼坐落在砖砌城台上，下有拱券式门洞。正阳门城楼连同城台通高 43.65 米，在各门的城楼中最为高大。

正阳门箭楼为重檐歇山顶堡垒式建筑，屋顶为灰筒瓦，绿琉璃瓦剪边；面阔七间，北出抱厦五间，上、下四层，通高 35.37 米，在京师各门的箭楼中最为高大。箭楼下开拱券式门洞，设有双重大门，内侧为普通对开大门，外侧是可以升降的

正阳门箭楼

闸门（即千斤闸）。内城九门中，只有正阳门箭楼辟有门洞，专为皇帝出行而设，只有在皇帝祭天或出巡时才开启。正阳门箭楼千斤闸门板为铁皮包实木，布满加固铁钉，闸门宽6米，高约6.5米，厚9厘米，重约1990千克，主结构保存完整，是我国现存最大的古城闸门。

内城九门、外城七门中，正阳门瓮城规模最大，平面形状大致呈长方形，南北长108米，东西宽85米，南端二角抹圆。正阳门瓮城上修筑闸楼二座，分别位于瓮城的东、西两侧。其余的内城瓮城上均只设一座闸楼。外城七门的瓮城都没有闸楼。正阳门闸楼面阔三间，单檐歇山小式，屋顶为灰筒瓦，绿琉璃瓦剪边；闸楼外侧正面设箭窗二排共 12 孔，内侧正面辟过木方门，门两侧各开 1 方窗。闸楼之下开券门，券门内有"千斤闸"。

明清时北京内城的九座瓮城内都建有庙宇。除德胜门、安定门庙宇供奉真武大帝外，其余均供奉关帝。正阳门瓮城内，建关帝庙和观音庙各一座。关帝庙至少在明代万历年间已经建成，香火非常兴盛；观音庙始建年代无从考证。两庙均在 20 世纪 60 年代被拆除。

正阳门城楼、箭楼、瓮城、闸楼及护城河上的石桥、牌楼等各部分的规制均高于内城其余八门，地位尊崇。显然，正阳门为九门之首。

正阳门建成后历经兵灾火毁。在明万历三十八年（1610）四月、清乾隆四十五年（1780）五月、道光二十九年（1849）十一月二十九日，正阳门箭楼三次发生火灾，都是因为周边民居、商铺失火殃及所致。最为严重的毁坏发生在 1900 年。光绪二十六年五月二十日（1900 年 6 月 16 日），义和团为抵制洋货，纵火焚烧前门大栅栏的老德记药房，火势失控，延烧周边店铺千家以上，正阳门箭楼也被殃及起火。同年8月14日，八国联军进攻北京，次日慈禧太后挟光绪皇帝仓皇出逃，奔往西安。英国雇佣军（印度兵）占据了正阳门城楼，9月26日夜间十一点钟，不慎发生火灾，正阳门城楼亦被焚毁。这是正阳门历史上损毁最为严重的一次，箭楼、城楼先后被毁，所幸东西闸楼得以幸免。有学者说正阳门经历了五次火毁，还有一次是崇祯十七年（1644）李自成撤离北京时，放火焚烧宫殿及九门，正阳门被毁。但此说不准确。因为文献记载"二十九日卯刻，焚宫殿及各门城楼"，但紧接着还有后半句"惟正阳门楼得以存"（《甲申传信录》卷六）。有的书中说"惟正阳门内外楼岿然独存"（《（康熙）畿辅通志》卷五）。因此，正阳门历史上只经历过四次火毁。

庚子事变后，被毁的正阳门一片狼藉。《辛丑条约》签订后，1901年10月6日慈禧太后和光绪皇帝自西安返京。陈夔龙、张百熙等奉命修整回銮所经路面。但残破的正阳门城楼、箭楼来不及重建，就对城台加以清理，修补了残缺的垛口，在箭楼、城楼的位置用杉篙、苇席、彩绸"搭盖彩棚两座,藉壮观瞻"。1902年1月7日,两宫乘火车抵京郊马家堡车站,再乘舆进永定门,经正阳门回到紫禁城。

两宫回銮时用彩牌楼应了急,但是毕竟正阳门"拱卫宸居,为中外观瞻所系",不能应付了事,必须重建。由于经费不足,慈禧太后要求"全国二十一行省,大省报效二万,小省报效一万",才有钱动工。前面提到,工程由直隶总督袁世凯、顺天府尹陈璧负责,光绪二十九年闰五月初七(1903年7月1日)开工,光绪三十二年(1906)五月,"阙楼、堆拨房、将台、千斤闸等工程均已报竣"。但全部工程到光绪三十三年(1907)九月才竣工。城楼、箭楼及附属建筑计划用银443000两,实际耗资共计448922两。

重建后的正阳门恢宏壮丽,但是又遇到了新问题——交通拥堵。明清时期正阳门一带就非常繁华,但是清末京奉、京汉两铁路正阳门站建成后,周边人流、车流更加密集,这个时期就有严重的交通拥堵问题了。在袁世凯的支持下,内务总长兼北京市政督办朱启钤主持了正阳门改建工程。拆除了瓮城;在

正阳门城楼

城楼两侧城墙各开门洞两座；修建了马路；改建了箭楼。1915年6月兴工，同年12月29日竣工。工程预算40万银圆，实际仅花费29.8万银圆。

民国时期，失去了军事防御功能的正阳门顺应社会发展的需要，成为举办国货展览、观光与放映电影的公共场所。1928年为"保护国货"成立的北平国货陈列馆，馆址就设在正阳门箭楼。北平沦陷后，1941年初国货陈列馆被迫迁往北海先蚕坛。

1949年1月31日，北平和平解放。2月3日，中国人民解放军举行了盛大的入城式。平津战役总前委的首长、北平市委和北平各界民主人士代表，在正阳门箭楼南侧月台上检阅了入城部队。从此，正阳门的历史翻开了新的篇章。

新中国成立后，党和政府高度重视正阳门。1952 年对正阳门进行修缮。1976 年唐山大地震，正阳门城楼受损，随后得到修复，同时安装了避雷设施。1988 年 1 月 13 日，国务院公布正阳门城楼和箭楼为第三批全国重点文物保护单位。同年 8 月 16 日，北京市正阳门管理处成立。随后，对正阳门箭楼、城楼进行了全面修缮。1990 年 1 月 21 日箭楼正式对公众开放。1991 年 6 月 29 日城楼对外开放。2005 年，正阳门城楼、箭楼再次大修。2014 年，全新改陈的《巍巍正阳——正阳门历史文化展》在正阳门城楼展出，展览分"重钥固京师""国门彰礼仪""沧桑六百年""市井大前门"四个部分，向海内外游客展示正阳门重要的地位、价值和厚重的历史文化。

正阳门，一座伟大的城门，历经了岁月沧桑、见证了风云变幻；铭刻着国耻，承载着光荣与梦想。让我们了解正阳门、喜爱正阳门，并共同续写正阳门的不朽传奇！

天安门广场史话

（谭烈飞　北京地方志办公室原副主任）

天安门广场在北京，乃至中国都有着特殊的地位与影响。我作为地方志工作者，在多部志书中都有对天安门广场的记述，涉及城市规划、广场建筑、市政工程、历史沿革、政治影响，如果从地方志的功能来记述，应该强调资料的真实性、完整性，在简洁记述中保证规范的重要要素不可遗漏。

一、天安门广场的古往今来

天安门广场位于北京城的南北中轴线上，北起天安门，南到正阳门，地处北京的中心位置。天安门是原明清皇城的前大门，亦是明清两代封建帝王颁发诏令的地方。原天安门广场是皇城的前院（又称"外郭"），呈"T"形，原面积约11万平方米，围之以红墙；南为大明门（清顺治元年改称大清门，民国初年改称中华门），东为长安右门，西为长安左门，是一个封闭的庭院。清乾隆十九年（1754），在长安右门和长安左门外，各增建围墙并增建"三座门"。1912年，拆除了长安右门和长安左门的石槛及部分红墙，从此打通了东西长街。到1949年北平解放时，天安门广场已年久失修，坑洼不平。北平解放之初，即开始整修天安门广场，修缮了天安门城楼，建造了广场上第一座国旗旗杆。1949 年 10 月 1 日，中华人民共和国开国大典在这里隆重举行，毛泽东在天安门城楼上向全世界宣告中华人民共和国中央人民政府成立，广场上升起了第一面新中国国旗——五星红旗。1950—1958 年，先后拆除了广场中原有的明清建筑：东西"三座门"、中华门和东南西三面的红墙等。天安门广场自开国大典后修缮多次。首先，东西南三座门严重阻碍了长安街交通，游行队伍也难以顺畅通过，鉴于其是皇城丁字广场的组成部分，有一定文物价值，因而公安交通部门与建筑专家对存废意见不一致。1952 年 8 月，经北京市人民代表大会表决通过才予以拆除，但拆下来的材料决定暂时保留在劳动人民文化宫内，以备如果实践证明此决策有误，则可弥补。1952 年国庆前夕，把观礼台改为永久性看台。1958 年 12 月，中共中央政治局讨论庆祝中华人民共和国成立十周年十大建筑，通过了"天安门广场的规划和建设方案"，即天安门广场，从天安门到正阳门之间相距 890 米，人民大会堂与中国革命博物馆、中国历史博物馆东西相距 500 米，广场总面积约 40.5 公顷。天安门广场是北京的中心广场，也是迄今世界上最大的城市广场。

二、天安门广场建筑群

天安门广场建筑群包括北面正中的天安门，正南方的正阳门和箭楼，西侧的人民大会堂，东侧的中国国家博物馆（由中国历史博物馆和中国革命博物馆合并组建），广场正中的人民英雄纪念碑，纪念碑和正阳门之间的毛主席纪念堂等建筑物。还包括纪念碑与天安门之间矗立着的国旗旗杆和汉白玉基座；天安门前为金水河上的五座汉白玉石拱金水桥和劳动人民文化宫及中山公园门前的东西公生桥（又称东西便桥），以及天安门前两侧的华表、石狮；原皇城城墙的一部分，天安门两侧建观礼台。

天安门广场总占地面积达 44 万平方米，总建筑面积 2.8 万平方米，可容纳 21000 人观礼使用。从天安门向东，顺东长安街延伸经南池子至贵宾楼饭店门前，向西顺西长安街延伸经南长街、新华门至府右街南口北折。

三、天安门广场规划

天安门广场的规划引起各个方面的高度重视，毕竟是一个国家的象征，因此争论始终没有停止过。

1. 广场的性质。一种意见认为天安门象征着我们的国家，广场周围应以国家主要领导机关为主，同时建立革命博物馆，使它成为政治中心。另一种意见认为广场周围应以博物馆、图书馆等建筑为主，使它成为文化中心。

2. 广场周围的建筑规模。一种意见认为天安门广场代表我国社会主义建设的伟大成就，在它周围甚至在它前边或广场中间应当有些高大雄伟的建筑，使它成为全市建筑的中心和高点。一种意见认为，天安门和人民英雄纪念碑都不高，其周围建筑高度不应超过它们。

3. 对旧有建筑的处理。一种意见认为旧有建筑（正阳门、箭楼、中华门）与新时代的伟大建设比较起来是渺小的，必要时它们应当让位给新的、高大的足以代表社会主义、共产主义的新建筑。一种意见认为旧有的建筑是我国的历史遗产，应当予以保留。

4. 广场大小问题。一种意见认为天安门广场是我国人民政治活动和游行集会的中心广场，应当比较大，比较开阔（30公顷至40公顷）。一种意见认为从建筑比例上看广场不宜过大（20公顷至25公顷即可）。

最后，由国家的最高领导人来决定，毛泽东指示，改建天安门广场，要反映出我国历史悠久、地大物博、人口众多的特点，气魄要大，要使天安门广场成为庄严宏伟、能容纳100万人集会的世界上最大的广场。周恩来强调，广场面貌一定要体现出"人民当家做主"的主题思想和时代精神。1958年8月，中共中央政治局扩大会议，决定为庆祝中华人民共和国成立十周年，在北京建设包括万人大礼堂在内的重大建筑工程。万人大礼堂的地点选在天安门前，同时改建天安门广场，还包括中国革命博物馆和中国历史博物馆在内的十大建筑，确定广场尺度要大，天安门广场宽度定为 500 米。

1959 年 9 月，古老的天安门经过重修，三面红墙连同东、西长安门一并拆除。广场西侧是人民大会堂，它是国庆工程中规模最大的一个，东侧是中国革命博物馆和中国历史博物馆，连同已建成的人民英雄纪念碑，形成全国各族人民共同向往的政治活动中心，一个规模雄伟、气势磅礴的人民广场呈现在人们面前。

四、天安门广场的故事

天安门广场在北京城市中轴线的传承中具有最显著的特点：以"天子——封建皇帝"为中心、为核心，进而变化为以"人民"为中心、为核心，在这种变化中，可以清晰地体会到无处不在的中华传统文化的有序传承；在这种变化中，可以深切地体会到中国传统文化的博大精深；在这种变化中，可以了解到文化巨人对中国传统文化的认知水平是如此令人敬仰。

修建人民英雄纪念碑的故事

建立人民英雄纪念碑是天安门广场的第一件事。而举行奠基的地方，并不在现在纪念碑建设矗立的地方。1949 年 9 月 30 日，中国人民政治协商会议第一届全体会议通过了在首都建立人民英雄纪念碑的决议，当时已是傍晚，全体代表立即在天安门前举行纪念碑奠基仪式。当时，确定纪念碑建在广场的北半部五星红旗旗座之南，天安门与原中华门门洞的中轴线上，并与天安门和正阳门的距离大致相当。由于当时还没有广场的整体设计，未顾及整个广场的布局，待到深化设计时发现奠基的位置离天安门和旗杆太近，当时还在酝酿碑身加高，如此就更会觉得空间局促。后来经过数次方案设计，最终敲定放在绒线胡同东部路口，即现在的位置。这个位置无论在当时还是现在来看，都是非常合适的，即处于中轴线上略微偏南的位置上，这样就为新中国成立 10 周年规划人民大会堂和革命、历史博物馆的设计选址留有余地，使得这 3 组建筑物与天安门之间形成菱形关系，在不同的位置都有非常好的视角。

人民英雄纪念碑的设计方案备受关注。1952 年 5 月 10 日，首都人民英雄纪念碑兴建委员会正式成立。该委员会主任由当时的北京市委书记彭真担任，副主任由著名建筑家梁思成担任。随即发出征选纪念碑规划设计的通知。到 1951 年，收到 140 多件各种形式的设计方案和设计修改方案（截至最后定案时共收到 240 多件）。海外华侨也积极献计献策，陈嘉庚组织华侨绘制了图纸，并制作了水泥柱头模型，寄给人民英雄纪念碑建造工程处。最后归纳为高耸塔形碑体和低矮影壁形碑体两种。经审议决定选用塔形碑体方案，由梁思成主持定稿。当时针对碑顶造型仍有争论，最后暂定四角攒尖顶形式，顶部不设宝瓶，如果建成后觉得不好以后还可更改。纪念碑于 1952 年 8 月 1 日开工，1958 年 5 月 1 日落成揭幕。

纪念碑总高 37.94 米，碑身是一块长 14.7 米、宽 2.9 米、厚 1 米、重达 60 多吨的巨石。碑身正面（北面）镌刻毛泽东题词"人民英雄永垂不朽" 8 个镏金大字；背面是毛泽东起草、周恩来题写的碑文："三年以来，在人民解放战争和人民革命中牺牲的人民英雄们永垂不朽！三十年以来，在人民解放战争和人民革命中牺牲的人民英雄们永垂不朽！由此上溯到一千八百四十年，从那时起，为了反对内外敌人，争取民族独立和人民自由幸福，在历次斗争中牺牲的人民英雄们永垂不朽！"周恩来为了写好碑文，一次次地反复书写，前后写了几十遍，直到自己满意为止。

碑身两侧装饰着用五星、松柏和旗帜组成的浮雕花环,象征人民英雄的伟大精神万古长存。纪念碑台座上是大小两层须弥座,上层小须弥座四周镌刻着以牡丹、荷花、菊花、垂幔等组成的 8 个花环,象征着高贵、纯洁和坚忍,表示全国人民对英雄们永远的怀念和敬仰。

再需要说的是,这种先建碑,再根据它来规划天安门广场和周围建筑的建设方式,在世界广场建筑史上是没有先例的;纪念碑碑身的朝向也曾进行过调整,决定一反传统,掉转方向,正面面对北面的天安门。

国旗旗杆的故事

中华人民共和国的第一根国旗旗杆是 1949 年 10 月 1 日开国大典时毛泽东在天安门广场亲自按下电钮升旗时所用的旗杆。当时,刚刚解放的北京,百废待兴之时,要找出适合用于做旗杆的材料绝非易事。最后决定用市自来水公司的水管,选用了 4 根直径不同的自来水管一节一节地套起来焊接。焊完之后,长度为 22.5 米。杆下有 4 平方米的方形基座,围以汉白玉石雕栏杆。中华人民共和国的第一面国旗即从此杆升起，此后这根旗杆一直使用了 42 年之久。

就是这根旗杆也算是有故事的。1949 年在开国大典即将举行的时候，经过反复试验，可以在天安门上按动按钮升起五星红旗，旗杆周围的脚手架也顺利地拆除了。9 月 30 日，用一幅红绸子布进行最后一次演练时，红布搅进了旗杆顶端滑轮中，进退不能，引起了所有相关人员的恐慌，立即调来消防车，想利用消防队的云梯到旗杆顶卸下红绸布，消防云梯的高度不够，再搭脚手架时间已经来不及了。就在这时想到了请棚匠，最后是棚匠冒着危险，爬到了旗杆顶，把布卸了下来。工作人员赶快重新修理和安装电机操作系统，并反复试验，一直到 10 月 1 日的凌晨才修好，为了以防万一，安排人守候在旗杆下，在升旗时，一旦出现故障，旗升到顶端马达如果还不停就立刻切断电源，以保证升旗的效果。在 1949 年下午 3 时的升旗仪式上，五星红旗冉冉升起，顺利升到旗杆顶戛然而止，以后再也没有发生过故障。

1991 年，天安门广场扩建为 40 万平方米（1949 年时约 11

万平方米），原旗杆在广场中已略显偏低，并且也有老化的趋势。经过专家的计算与论证，于 1992 年 2 月对国旗杆和基座进行了改造。新旗杆仍位于广场南北中轴线上，但比第一座旗杆南移了 7 米。旗杆由原来的 22.5 米增加到 32.6 米，地面以上高 30 米，比第一座旗杆地面以上高 8 米，使升旗、降旗仪式更加神圣、庄严。相传，升旗高度为 28.3 米，乃是中国共产党诞生的 1921 年 7 月到 1949 年 10 月共 28 年 3 个月，所以，随着国旗旗杆的改变，升起的高度也改成了 28.3 米。新旗杆总重量约 7 吨，由无缝钢管焊接而成。基座占地 400 平方米，内层为 6 米见方的旗杆基座，座高 45 厘米，四周围以 90 厘米高的汉白玉石雕栏杆。中层为赭色花岗岩地面带，外层为草坪绿化带。

天安门是如何成为核心和中华人民共和国标志的

天安门始建于明永乐十五年（1417），是皇城的正门，永乐十八年（1420）建成。建成后的承天门为黄瓦飞檐三层楼式五座木牌坊，因其完全仿照南京的承天门而得名，被视为皇帝承天命和敬天之地，取"承天启运，受命于天"之意，这就是最早的天安门。明英宗天顺元年（1457），承天门被烧毁。宪宗成化元年（1465）重新修复了承天门，由原来的五间扩大为九间，并且将牌坊式改为宫殿式结构，基本具有了现在天安门的规模。清朝把"承天门"改称为"天安门"，顺治帝将紫禁城前朝三大殿分别改名为"太和殿""中和殿""保和殿"，都带有一个"和"字，而将皇城的4个门分别命名为"天安门""地安门""东安门""西安门"，都带有一个"安"字，"天安门"取"受命于天，安邦治国"之意，寓有"外安内和，长治久安"的含义，以"和""安"为策，以求达到统治的长治久安。

天安门这个名称沿用至今，明、清两代，天安门是皇帝进行活动的重要地方之一。每逢冬至祭天、夏至祭地、孟春祈谷、仲夏亲耕以及皇帝大婚、出兵等隆重的典礼，皇帝及随从人员都要从天安门出入。另外，皇帝登基、册立皇后和皇太子等也要在天安门城楼上举行颁诏仪式，这个仪式称为"金凤颁诏"。

进入近代以后，在天安门前发生了一系列影响深远的大事，其中1919年"五四运动"在这里举行了集会，成为中国历史上具有深远影响的大事件，五四运动是彻底的反帝、反封建运动，是中国新民主主义革命的发端。中华人民共和国开国大典前，天安门城楼经过修整，焕然一新。除了毛主席画像，城楼上还有两条巨幅标语，一条是"中华人民共和国万岁"，另一条是"中央人民政府万岁"。1950年国庆时天安门城楼东侧的"中央人民政府万岁"改为"世界人民大团结万岁"，这条标语的修改，绝不简单，这两条标语就是人民共和国缔造者的初心和奋斗目标。

1950年6月20日，经过讨论和比较，确定了清华大学营建系设计组关于国徽的方案："图案以国旗上的金色五星和天安门为主要内容。五星象征中国共产党的领导与全国人民的大团结；天安门象征新民主主义革命的发源地与在此宣告诞生的新中国。以革命的红色作为天空，象征无数先烈的流血牺牲。底下正中为一个完整的齿轮，两旁饰以稻麦，象征以工人阶级为领导，工农联盟为基础的人民民主专政。过齿轮中心的大红丝结象征全国人民空前巩固地团结在中国工人阶级的周围。"从此，天安门从皇城的正门成为中华人民共和国的标志。6月23日，全国政协一届二次全体会议通过了国徽设计方案，天安门城楼作为中国人民反帝反封建的民族精神象征，成为新中国的象征，正式出现在中华人民共和国国徽上。

天安门进行了多次修复与改建，特别是 1969 年重建时，对图案和彩画的处理出现了两种意见：一种意见认为，古建筑应当按照传统的方式修建；另一种意见是，传统的都是"四旧"，属于封建内容，新中国的天安门应具有革命意义，要用葵花向阳和延安宝塔等图案代替金龙和玺。两种意见相持不下。周总理看完报告后说："龙是中华民族的象征，原主体部分不要改。"

五、社稷坛与人民大会堂的有序传承

　　"左祖右社"是中轴线的重要标志。社，指的是社稷坛，社稷是"太社"和"太稷"的合称，社是土地神，稷是五谷神，两者是农业社会最重要的根基。

　　社稷是古代帝王、诸侯所祭祀的上神和谷神，商周以至清代的帝王，均沿袭社稷的大礼。历代帝王自称受命于天，将自己比作"天子"，将社稷象征国家构成的基础，故每年春秋仲月上戊日清晨举行大祭，如遇出征、班师、献俘等重要的事件，也在此举行社稷大典。

　　社稷坛总面积约 360 余亩，主体建筑有社稷坛、拜殿及附属建筑戟门、神库、神厨、宰牲亭等。因 1925 年孙中山先生的灵柩曾停放在园内拜殿中，所以 1928 年社稷坛被命名为中山公园。全园面积为 24 万平方米。社稷坛于 1988 年被公布为全国重点文物保护单位。

现社稷坛位于中山公园的中心位置，俗称"五色土"，旧制有：直隶、河南进黄土，浙江、福建、广东、广西进赤土，江西、湖广、陕西进白土，山东进青土，北平进黑土。天下郡县计三百余城，各土百斤，皆取于名山高爽之地。以体现"普天之下莫非王土"。五种颜色的土壤构成：东方为青色、南方为红色、西方为白色、北方为黑色、中央为黄色。社稷坛中央有社主石，也叫江山石（形似金字塔）。五色土在华夏传统文化中内涵丰富：代表五方（东南西北中）、五行（金木水火土）、华夏五帝（青帝伏羲、赤帝神农、黄帝轩辕、白帝少昊、黑帝颛顼），等等。

新中国成立后，在城市规划中，社稷坛的正南方 200 米处建起人民大会堂。

人民大会堂的建设体现了"人民"的作用，建设中遇到无数困难，都是用"人民"的聪明才智克服的。例如：大会堂工程使用的全部钢结构重约 4000 吨，其中宴厅的钢梁就重 1100

多吨。在当时的条件下，怎么把这么重的钢梁吊上去，请来的苏联专家设计出了种种方案，可惜都失败了。最后还是工人们根据经验创造出的"桅杆式起重机"解决了难题。

人民大会堂大厅是议论国家大事的地方，应该庄严、朴素、明朗、大方，不能按歌舞剧院的形式处理，在形式和内容上也应以人为主。扁圆卵形的观众厅，后面的圆角大，前边浅弧线夹角小，都没有平直的硬线，有点类似自然环境的无边无缘；上边的顶棚可以做成大穹窿形，象征天体的空间；顶棚与墙身交接之处做成大圆角形，就可能把顶棚的大弧线与墙身连成一体，产生上下浑然一体的效果，可能会冲淡一般长、宽、高同在而产生的生硬、庞大的印象。人民大会堂的建筑外观平面呈"山"字形，两翼略低，中部稍高，四面开门。外表为浅黄色花岗岩，上有黄绿相间的琉璃瓦屋檐，下有5米高的花岗岩基座，周围环列有134根高大的圆形廊柱。正门迎面有十二根浅灰色大理石门柱，正门柱直径2米，高25米。四面门前有5米高的花岗岩台阶。高46.5米（天安门高33.7米），占地面积15万平方米（紫禁城占地72万平方米），建筑面积17.18万平方米

（紫禁城 15 万平方米）。人民大会堂内部构成：进门便是简洁典雅的中央大厅（只是门厅不设座位）。厅后是宽达 76 米、深 60 米的万人大会堂，是国家最高权力机构——人民代表大会开会的地方，南翼是全国人大常务委员会办公楼。大会堂内还有以全国各省、直辖市、自治区名称命名，富有地方特色的厅堂，体现了新时代江山社稷的建筑理念。

六、太庙与国家博物馆的有序传承

北京太庙始建于明永乐十八年（1420），占地 19.7 万平方米，建筑格局为矩形，有围墙三重。有琉璃门、戟门、享殿、寝殿、中琉璃门、祧庙和后琉璃门。形成完整对称的中轴线格局，与皇宫的建筑格局相同。迈入戟门是太庙享殿，享殿的等级同太和殿相同，是举行正式祭祀活动时摆放本朝历代皇帝牌位的地方。太和殿是皇帝活着的时候使用的，而太庙的享殿则是供已故的皇帝"灵魂"活动的地方。同紫禁城内前殿后寝的布置相同，享殿后是寝殿。皇帝活着的时候只在重大庆典时才登太和殿，平时在寝殿即后三殿活动，去世的皇帝也是这样，牌位平日也是放在寝殿之内。太庙在明、清两代多次修缮，是典型的古代宫廷建筑，是古代建筑艺术的璀璨明珠，其建筑格局、建筑样式、工程技术都具有极高的科学价值和艺术价值，同时蕴含着古代政治、哲学、美学、礼制的基本观念。

从太庙的功能来看，对祖先的祭祀崇拜是中国封建社会宗法制的核心，其祭祀的观念、礼仪是中国传统文化的重要方面。据统计，两百多年仅清代皇帝共举行正式的祭祖活动达 605 次之多，以体现对自己先人和历史的尊重与继承。

新中国成立以后，在太庙南 200 米处建设国家博物馆的前身——中国历史博物馆和中国革命博物馆。这里的深意与太庙尽管有质的区别，但是，可以清晰地体会到异曲同工之妙。

中国历史博物馆的前身为 1912 年成立的国立历史博物馆筹备处。1949 年更名为国立北京历史博物馆，1959 年更名为中国历史博物馆。中国革命博物馆的前身为 1950 年成立的国立革命博物馆筹备处，1960 年正式命名为中国革命博物馆。1959 年 8 月两馆大楼竣工，并于同年 10 月 1 日对外开放。该博物馆涵盖了从 170 万年前的元谋人到清朝末中国历史上最后一个帝国王朝的中国历史，永久收藏了 105 万件物品。2003 年，中国历史博物馆和中国革命博物馆合并组建成为中国国家博物馆。改为国家博物馆以后，其定位是代表国家收藏、研究、展示、阐释能够充分反映中华优秀传统文化、革命文化和社会主义先进文化代表性物证的最高机构，珍藏民族集体记忆、传承国家文化基因，荟萃世界文明成果，构建与国家主流价值观和主流意识形态相适应的中华文化物化话语表达体系，引导人民群众提高文化自觉、增强文化自信，推动中外文明交流互鉴，发挥国家文化客厅作用。

七、如今的天安门广场

毛主席纪念堂工程于 1976 年 11 月在天安门广场南部开工，同时修建纪念堂广场和纪念堂东、西侧路并向南直到前门城楼，进一步扩大了天安门广场。新拓建的纪念堂广场东侧路北接原天安门广场东侧路，南至前门东大街，长 409.5 米、宽 30 米。

以同样规格对称拓建了纪念堂广场西侧路。两条路均铺装沥青混凝土路面，其外侧铺筑方砖步道 5058 平方米。同期实施的市政管线工程除修建了东西向横贯广场的市政综合管道干线外，还铺设了纪念堂配套的煤气、热力、给水、排水、电信等各种管道 70 多千米。毛主席纪念堂竣工后，天安门广场面积扩大到 50 万平方米，整个广场开阔庄严、气势恢宏。

进入 20 世纪 80 年代以后，对天安门广场又进行了两次较

大规模的整治。1983 年 4 月，北京市政府决定拆除玉带河南岸
金水桥两侧的 4 座灰色观礼台，新辟总面积为 5000 平方米的 4
块绿地。1987 年，在天安门广场的东北角、西北角各建地下人
行通道 1 座，通道呈"L"形，分别由主通道、副通道、3 个进
出口和 2 个轮椅坡道组成，使用面积 2480 平方米。通道建成
后，行人可以安全快捷地进出天安门广场，从而解决了天安门
前行人横穿东西长安街与机动车干扰的问题，提高了道路通行
能力。1998 年，对天安门广场进行改造的工程规模较大，从长
安街到前门全部铺设花岗石，并在东、西两侧各修建一块 30 米
宽、160 米长的绿地，广场东西两侧的步道也都改为花岗石铺
砌。整个工程从 1998 年 1 月开工到 1999 年 6 月底全部完工，
广场周围的建筑都进行了装饰和刷新，夜景更加辉煌，天安门
广场更加庄严美丽。

天安门广场，北京市中心地带，中国政治活动中心。天安
门广场记载了中国人民不屈不挠的革命精神和大无畏的英雄气
概，五四运动、一·二九运动都发生在这里，为中国现代革命
史留下了浓重的色彩。它不仅见证了中国人民一次次要民主、

争自由，反抗外国侵略和反动统治的斗争，更是共和国举行重大庆典、盛大集会和外事迎宾的神圣重地，是中国最重要的活动举办地和集会场所。

随着中轴线申遗工作的开展，天安门广场的世界的影响力会越来越大，深入挖掘中轴线历史内涵、文化内涵和时代内涵，生动讲好中轴线故事，需要进一步营造全社会共同关心、参与中轴线保护的良好氛围。

故宫史话

（阎崇年　中国紫禁城学会副会长）

一、简说中外宫殿建筑群

讲《故宫史话》，先看世界，再看中国。

先看世界四大文明古国。古埃及的文明中断了，古印度的文明中断了，古巴比伦的文明也中断了，唯有古中华的文明没有中断。

在古埃及文明中，古埃及法老的宫殿建筑遭到战争与自然的毁坏，没有存留下来。古埃及给人留下深刻印象的是金字塔群，而不是宫殿建筑群。我们今天看到的是古埃及法老的陵墓——金字塔。金字塔群建筑宏伟，令人震撼，但不是宫殿，而令人遗憾。

在古印度文明中，古印度的宫殿建筑，也没有完整地保存下来。人们说起古印度建筑，就要提到泰姬陵了。泰姬陵位于距新德里 195 千米的阿格拉市,是莫卧儿帝国(1526—1857)贾汗为他的爱妻泰姬建造的陵墓,所以称泰姬陵。陵墓建于1631 年(明崇祯四年),用纯白色大理石修砌,总高 74 米,面积 70 万平方米,陵前水池倒影,月光之下,如临仙境,被誉为"世界完美艺术的典范",并被列为"世界七大奇观"之一。印度的阿格拉古堡,城里虽然有内宫(内廷)和外宫(外朝),但宫殿建筑群没有被完整地保存下来。古印度帝王的宫殿建筑群,或为历史残迹,或被夷为平地。

在古巴比伦文明中,当年瑰丽的宫殿,早已不复存在。今人已几乎看不到其古代叱咤风云帝王时代的宫殿建筑。不过,被视为"世界七大奇迹"之一的"空中花园"尚留存于文字记载中——相传公元前 6 世纪,新巴比伦国王尼布甲尼撒二世,为他的妃子建造了一座特别的花园,采用立体造园手法,在高20 米的平台上,栽植各种树木花卉,从远处看去,犹如悬在空中,所以叫空中花园。空中花园闻名遐迩,今人已经不能看到它的原貌,只能在文学描述中领略它的瑰丽与风采。

古希腊,曾有壮美的殿宇,但现在也只有从帕特农神庙的遗存，去遥想它昔日的辉煌。

古罗马，有斗兽场、万神殿（潘提翁神殿）等恢宏建筑，罗马帝国在各地域也曾有宏伟瑰丽的宫殿，但现在大多只存历史残迹了，人们只能赞叹罗马皇宫往昔的光辉，遗憾的是古罗马也没有留下古代完整的宫殿建筑群。

在美洲玛雅等古文明中，或有伟丽宫殿，但今已荡然无存，只留下太阳金字塔、月亮金字塔，以及神庙等历史残迹。

那么，世界上现存的古老宫殿，有哪些在人们的心目中留下了华丽风采呢？

譬如法国巴黎的卢浮宫和凡尔赛宫。卢浮宫本来是 15 世纪的一座城堡，1541 年（明嘉靖二十年）改建为皇宫。后经法国国王路易十四、拿破仑·波拿巴等多次改建、扩建，才具有现在的规模，成为法国一座富丽堂皇的宫殿。尔后曾经一度成为欧洲的政治中心和文化中心。但是，与明清故宫相比，仅以面积来说，卢浮宫的建筑面积不到紫禁城建筑面积的四分之一。凡尔赛宫，被称作夏宫，相当于清代北京的畅春园、颐和园和圆明园。但是，凡尔赛宫的建筑面积，尚不及颐和园建筑面积的十分之一。

俄罗斯先后有两座重要的皇宫：圣彼得堡的冬宫和莫斯科的克里姆林宫。圣彼得堡冬宫，于 1764 年（清乾隆二十九年）建成，在 1837 年（清道光十七年）遭到水灾，后来加以重建，大体上就是现在人们看到的样子。但是，圣彼得堡冬宫的建筑面积仅相当于北京紫禁城面积的九分之一。克里姆林宫，俄文原意是"卫城"，这同中国古代"城以卫君"的意思相同。因为要"卫君"，所以有城墙与护城河。有人称克里姆林宫为欧洲最大的皇宫，现在我们看到的克里姆林宫是扩建过的。但扩建后的克里姆林宫的面积，尚不及北京紫禁城面积的二分之一。

英国的白金汉宫，1703 年（清康熙四十二年），由白金汉公爵乔治·费尔特兴建。1825 年（清道光五年），由英王乔治四世加以扩建。1837 年（清道光十七年），维多利亚女王移居白金汉宫。白金汉宫的面积约相当于北京紫禁城面积的十分之一。白金汉宫里最豪华的、英王坐朝的宫殿，功能相当于北京故宫太和殿，其面积约 600 平方米，而故宫太和殿的面积为 2377 平方米。白金汉宫的主殿面积约为北京太和殿面积的四分之一。

亚洲的日本，现存御所（皇宫）主要有两处：一是京都的御所。京都于公元794年（唐德宗贞元十年）开始作为日本首都，被日本誉为"千年古都"。京都给人们留下最著名的建筑有东寺、金阁寺、御所。京都御所的面积为110400平方米，它的地面不像北京故宫以墁砖铺地，而是用石子铺地。御所的围墙，仅高一米多，上面种树，围成禁垣。日本京都御所面积约为北京故宫面积的六分之一。二是东京的皇宫。1868年（清同治七年），日本明治维新后，将都城从京都迁到江户，翌年改江户名为东京。日本东京的皇宫，自然比京都御所高大、宏伟，其面积约为217000多平方米，东京皇宫面积尚不及北京故宫面积的三分之一。

此外，世界上还有其他古代宫殿遗存或遗迹，如泰国、柬埔寨、尼泊尔等的皇宫（王宫），虽其建筑、装饰、历史、文物各有可赞之处，但其或为历史残迹，或则规模较小，不再述及。

由上看出，明永乐十八年（1420）建成的北京皇宫，是世界上现存规模最大、保存最完整的古代宫殿建筑群。

学者认为中国已知最早的宫殿是河南偃师的夏朝宫殿遗迹。

尔后，是河南安阳殷商宫殿遗迹。《史记·殷本纪》载：殷纣王
"以酒为池，悬肉为林"，日夜纵乐，导致覆亡。秦阿房宫，汉
未央宫，唐大明宫，还有在北京建都的辽南京宫城宫殿、金中
都宫城宫殿、元大都大内宫殿、明南京宫殿，都遭到焚毁或平
毁，早已不复存在。现在能看到的是"两宫三院"，就是北京故
宫和沈阳故宫，北京故宫博物院、沈阳故宫博物院和台北故宫
博物院。沈阳故宫时间较短，天命十年（1625）始建，曾治居
清太祖、太宗、世祖三位皇帝，比明朝北京皇宫晚建了 218 年；
规模虽小却具特色，占地六万余平方米，建筑 116 座、500 余
间；院藏文物 20700 件。

二、世界的瑰宝——北京故宫

北京明清故宫，简称故宫，又称紫禁城，1987 年列入世界文化遗产名录。这标志着北京故宫不仅是中华文化珍宝，而且是世界文化瑰宝，也是世界上最大的历史文化艺术博物馆。

中国北京明清故宫的特点：

第一，规模大。故宫平面呈长方形，南北长 961 米，东西宽 753 米，占地面积 72 万多平方米（约合 1078 亩），建筑面积达 15 万平方米，故宫内有各类殿宇房屋 9000 余间，金碧辉煌，宏伟壮丽。外有高 10 米、周长 3428 米的城墙，耸以四座瑰丽角楼装点，城外有一条宽 52 米、长 3800 米的护城河环绕。这里是明清盛时 1300 万平方千米版图、四万万人民和中华 5000 年文明的一个集中展现。

第二，历史久。明永乐元年（1403）朱棣决定兴建北京故宫，于明永乐四年（1406）开始修建，永乐十八年（1420）基本建成，以后又不断重建、修建、改建、增建。先后有明朝十四位皇帝、清朝十位皇帝共二十四位皇帝和一位慈禧"女皇"在紫禁城治居，统治中国近500年。在世界现存皇宫建筑史上，连续500年不间断被使用的皇宫，只有北京的故宫。而在中国王朝史上，连续500年不间断地被使用的皇宫，也只有北京的故宫。

第三，珍宝多。故宫现珍藏的文物，包括建筑、陶瓷、书画、碑帖、青铜、玉器、家具、雕塑、珍宝、典籍、档案等，经过全面认真清点，有180多万件。台北故宫博物院珍藏传世珍宝65万件、档案约40万件。另外分藏在国家博物馆、沈阳故宫博物院、承德避暑山庄、南京博物院、颐和园管理处、天坛公园管理处的文物，以及中国第一历史档案馆藏1000万件档案、200万件满文档案等，都是中华五千年文明的精华、中华各族人民智慧的结晶。

第四，涵盖广。故宫的范围，不仅有紫禁城，而且包括与故宫相关的坛庙寺院、皇家园林、行宫陵寝，以及沈阳故宫和避暑山庄、木兰围场，明中都和明南京相关历史遗迹等，凡原内务府管理的范围，大体都涵盖在"故宫"之内。

第五，子午线。故宫的建筑严格地遵循对称规则，沿一条南北走向的子午线即中轴线，依次排列，对称展开，无论是平面布局、立体效果还是建筑形式，都显示出庄严、雄伟、壮丽、中和的气度。这条中轴线向南北延伸，就是北京城市中轴线，从永定门到钟鼓楼，长约16华里。整个布局，讲究平衡，东西南北，匀和对称。东西——天坛对先农坛，文衙六部对武衙五军都督府，太庙对社稷坛，文华殿对武英殿，东华门对西华门，东六宫对西六宫；南北——前三殿对后三宫，太和殿对保和殿，乾清宫对坤宁宫；中——太和殿与保和殿之中为中和殿，乾清宫与坤宁宫之中为交泰殿，天安门与午门之中为端门，正阳门与天安门之中为大明门（大清门）等。这条子午线即中轴线的中心就是故宫；故宫主要建筑坐北朝南，太和殿的皇帝宝座恰在中轴线上，体现着皇权至高至尊至重至威的地位，也体现中华传统文化——中正安和理念的精髓。

总之，只有伟大的中华，伟大的历史，伟大的文化，伟大的智慧，才会有伟大的北京故宫！在当今世界上，与亚洲、欧洲、非洲、美洲等所有现存宫殿相比，就其占地面积之广阔，建筑组群之雄伟，珍藏文物之丰富，连续时间之绵长，蕴含理念之深邃，文化影响之久远，综合起来而言，北京明清故宫可谓无与伦比。

故宫是复杂的，多面的。有人用"血朝廷"来揭示帝制时代皇宫阴暗、冷酷、血腥、暴虐的一面。但是，故宫的建筑、器物、服饰、书画、典籍、档案等，早已不是皇家的财富，而都是士人、匠师、能工、夫役等；用鲜血、智慧、汗水和生命凝聚的，是中华民族的珍贵财富。后人对中华文化遗产，应抱以敬畏之心、赞颂之意、骄傲之情、欣赏之趣，而行守护之职、关爱之举、学习之行、弘扬之责。

三、朱棣迁都北京

　　研究北京明清故宫建造的历史，要从明太祖朱元璋创立明王朝说起。作为农民的朱元璋起兵，推翻元朝，建立明朝，定都金陵（今南京），国号大明，年号洪武。同年，改大都为北平，取意北方平定、和平。金朝建都北京，称中都，为北京正式建都的开始。元朝时称北京为元大都。明初定都南京，大都改为北平。永乐元年（1403），朱棣改北平为北京，此为北京这一地名的开始。民国时，北京曾改名为北平。1949 年，北平又改称北京，并沿用至今。朱元璋为江山永固，采取了一项"强枝干、固根本"之策，就是分封子侄为王，分驻要地，加强地方，巩固中央。朱元璋有 26 个儿子，除长子朱标留在南京，第 9 子朱杞和第 26 子朱楠早死外，其余 23 个儿子都封为藩王，分驻各地。这里特别要说的是燕王朱棣。

朱棣（1360—1424）是明太祖朱元璋第4子，朱元璋称帝时朱棣才8岁。他11岁被封为燕王，17岁娶开国元勋、大将军徐达的长女徐氏为王妃，21岁带领护卫军官兵5770人离开南京，就藩北平。燕王府在故元大都皇太子居住的隆福宫，位置在今中南海。23岁时朱元璋选派高僧道衍（姚广孝）和尚为燕王随侍。

老子说："福兮，祸之所伏。"风云突变，祸临王府。洪武三十一年（1398），朱元璋死。这时皇太子朱标已先死，朱标之子朱允炆以皇太孙嗣继皇位，改年号为建文，史称建文帝。朱允炆继承皇位时22岁（时燕王朱棣39岁）。朱允炆生长在皇宫，少年聪颖，会念书，懂礼仪，但他缺少社会经验，更缺乏政治谋略。他感觉到：自己威望不高、皇位不稳，担心叔王权势过大，威胁皇权。于是听信兵部尚书齐泰、大臣黄子澄的话，削夺藩王，强化皇权。从哪儿动手呢？

俗话说："吃柿子先拣软的捏。"他先惩治"五王"——以兵袭开封，将周王废为庶人；转过手来，又废岷王；湘王胆小，

"阖室自焚"；齐王被削，成为平民；代王被囚，高墙圈禁。对燕王朱棣，他也有所试探。本来，燕王府邸在元朝旧宫，规模自然比别的王府大，如今建文帝却翻起旧账，指责燕王府邸"越分"。朱棣上书辩解说："《祖训录·营缮》条云，明言燕因元旧，非臣敢僭越也。"燕王朱棣打出朱元璋的"祖训"，来回答皇侄建文帝的指责，算是躲过一劫，但他仍感觉到了政治风浪的险恶。为稳住朝廷，再图良策，他心生一计——装疯！

京剧大师梅兰芳先生有一出著名的京剧《宇宙锋》。这出戏说的是秦赵高已嫁女儿艳容，二世胡亥欲纳其为嫔妃，赵高也献女逢迎。一边是君命，一边是父命，赵艳容急中生智，金殿装疯，逃过一劫。这出戏又叫《金殿装疯》。朱棣演出的舞台不在金殿，而在王府，简直就是一出"王府装疯"的政治滑稽剧。

事情是这样的：朝廷从南京派官，前来北平察看燕王朱棣的动静。一到燕王府，接待的不再是从前那位堂堂威武的燕王，而是一个疯疯癫癫的狂人朱棣。北平三伏，挥汗如雨，可是燕王身上穿着破棉袄，围着火炉，蓬头散发，哆里哆嗦，嘴里大喊："冷啊，冷啊！"他理智紊乱，满口胡言。使者一见，扭头就走，回南京报告说："燕王疯了，不足为患！"但有的大臣不信，认为朱棣是装疯。于是朝廷派官到燕王处再探。这次，燕王干脆把戏演到了厅堂之外，在大街上呼喊乱走，抢夺酒食，狂言乱语，躺在泥地，满脸污垢。使臣回到南京报告说："燕王真的是疯了！"这下朝廷不再怀疑，暂时对朱棣放松了警惕。透过燕王的"王府装疯"，可以看出朱棣是一位胸藏大智慧、大谋略的政治家，可谓能屈能伸、大智若愚。相比之下，年轻气盛的建文帝却根本不是这位皇叔燕王朱棣的对手。

朝廷使臣走后，朱棣回到王府，找来道衍，共同谋划。

朱棣篡夺皇位，事关江山社稷，更要争取民心。他借用汉朝"清君侧、诛晁错"的历史经验，打出"靖难"的旗号，就是宣称国家有难，奸臣齐泰、黄子澄之流当道，所以要带兵来拯救国难、靖安社稷。建文元年（1399），燕王朱棣在北平起兵，时年40岁。"靖难之役"，血战四年，惨烈非常。最后，朱棣率军攻入南京，以武力从侄子手中夺取皇位，成为大明朝的第三任皇帝。据《明实录》载，建文帝于城破后自焚而死，一说由地道出逃，出家为僧，还有说流亡海外，成为历史疑案。

　　建文四年（1402）六月十七日，朱棣在金陵皇宫奉天殿即皇帝位，改年号为永乐，昭告天下。

　　经过惨烈的"靖难之役"，夺取政权后的朱棣觉得他在南京杀人多、阴气重，实非久留之地。他不愿再以南京为都城，决意迁到自己的"龙兴之地"北平。

　　礼部尚书李至刚等，遵照永乐皇帝的旨意，在永乐元年（1403）正月十三，就明朝迁都一事上奏："北平为皇上龙兴之地，请立北平为京都。"永乐帝制曰："可。"（《明太宗实录》卷十六）朱棣决定迁都北平。

　　然而，朱棣决定迁都，仅仅是因为在南京杀人过多，阴气太重吗？其实如此重大决策，必有更为复杂的考量！

　　定都，对于一个政权、一个君王来说，是一件头等大事。而北京作为都城的条件十分优越：

　　第一，北京是"龙兴之地"，根基稳固。朱棣认为，北平风水好，成全了他的皇帝梦，而南京有鬼魂犯驾，风水对自己不利。朱棣在北平经营20多年，基础深厚，而南京则遍布前朝遗民，人心不稳，所以，还是回大本营北平为好。

第二，北京是雄险之区，位置重要。北京"北枕居庸，西峙太行，东连山海，南俯中原。沃壤千里，山川形胜，足以控四夷、制天下，诚帝王万世之都也"。(《明太宗实录》卷一百八十)当时的故元势力，"控弦之士，不下百万"，严重威胁明朝北方安全。都城设在北京，"天子守国门"，利于北边防务。

第三，北京是居中之地，交通便利。古代交通不便，四方入贡，道里均匀，为联通九州八方，都城位置宜居天下之中。盛明疆土，北到黑龙江入海口和库页岛（今萨哈林岛），南达曾母暗沙，北京的地理位置，约略南北居中。那时候没有汽车、飞机、高铁，交通主要靠陆运和水运——京杭大运河贯通海河、黄河、淮河、长江、钱塘江五条大江河，北京则为这条大运河的起点。

第四，北京是帝王之都，积淀丰厚。北京自辽南京、金中都，到元大都，作为帝都，已绵延400多年。北京历史文化积淀丰厚，有大气象，有帝王气。

从决意迁都北平，到正式定都北京，经过了18年。这是一个很长的过程：永乐元年（1403），朱棣下诏以北平为北京；永乐四年（1406）闰七月，朱棣诏建北京宫殿；永乐七年（1409）以后，朱棣多次北巡，长期住在北京，而让太子朱高炽在南京监国。永乐十八年（1420），北京宫殿建成。尔后，朱棣下诏：明年正月初一，以北京为京师，正式迁都北京，举行庆贺大典。

我们把时间往前推600年。在明永乐十九年（1421）正月初一这一天，在北京，在中国，在亚洲，在世界，发生了一个历史性的大事件：永乐皇帝身着龙袍，端坐在奉天殿（太和殿）的宝座上，接受百官朝贺，庆祝新年的到来，也庆祝新落成的皇宫——紫禁城宫殿正式启用。奉天殿（今太和殿）前，香烟缭绕，鞭鸣乐奏，文武百官，山呼万岁。礼毕，举行盛大宴会，招待文武百官及朝贡使臣。

从这一天开始，北京正式升格为明朝的都城，南京则成为陪都！

从这一天开始，大明皇宫——紫禁城宫殿正式登上历史文化的舞台！

紫禁城也开启了600年的风雨历程！

四、故宫揭开"平西府"的秘密

　　故宫历史文化研究必然要涉及明清历史的研究，而历史研究并非一帆风顺，经常会遇到意想不到的事项！现举一例，来说明历史文化研究的严肃与严谨，供各位读者品评。

　　北京市昌平区北七家镇郑各庄，过去有个地名叫"平西府"，民间传说是清平西王吴三桂的府邸。吴三桂的故事，人们津津乐道；陈圆圆的悲剧，可谓家喻户晓。但平西府与吴三桂却无丝毫瓜葛。

　　多年前，郑各庄托人请我去做客。家里人说不能随便去，如果他们提出平西府的事要你表态，你怎么办——说是，那不符合历史事实；说不是，伤人家的面子。2008 年奥运会火炬传递，北京电视台邀请我做嘉宾。当火炬传到昌平郑各庄时，主持人问我知道郑各庄吗？想去看看吗？我随口答："知道，很想去。"谁知，郑各庄领导当晚就托人给我打来了电话。于是，我到了郑各庄。郑各庄支部书记黄福水以及村里的人们，陪我参观城墙遗址、护城河，还看了铜井。然后问我："您说这不是平西王吴三桂的府，是谁的住处呢？"

这里城墙基址依稀可见，护城河故址尚在，清代水井保存完整，可以看出曾经是座不小的城池。那么，是什么城池的遗址呢？我自感十分惭愧——我所任职北京社会科学院是研究北京的，我所参加的中国紫禁城学会的研究也是与宫殿王府有关的，怎么就被难住了呢！

回家一进门，就急不可待地查阅有关资料，连查数天，毫无结果。我忽然想起台湾方面曾请我作为访问学者赴台，因特忙未答应，何不干脆到台湾去看看有没有相关满文资料？2008年11月2日我抵达台湾，开始在台北故宫博物院图书文献处查找同北京昌平郑各庄的城墙、护城河等相关的满文档案。

台北故宫博物院珍藏的清宫档案，约有40万件。大海捞针，从何入手？我分析：城墙、护城河等都同皇家有关，要从清内务府档案入手；既然汉文档案没有，就从清内务府满文档案入手。我把要查询的满文档案范围告诉了同行。这时，台北故宫正在筹备"康熙大展"和"雍正大展"，12 月 11 日我应周功鑫院长之邀，给台北故宫博物院作了《康熙皇帝的历史评价》的演讲，19 日又应冯明珠副院长之邀，给台北故宫博物院作了《雍正皇帝的历史评价》的报告。当我离开台北故宫时，冯明珠送我一件小礼物，并让我到宾馆后再打开。

原来，他们在台北故宫博物院图书文献处的满文档案里，查到康熙六十年（1721）十月十六日的清内务府《奏报郑家庄行宫工程用银数折》（满文）原件，这礼物正是他们给我的满文档案复印件。档案记载：清郑各庄行宫、王府、城池与兵营，于康熙五十七年（1718）十二月初五开工，在康熙六十年十月十六日竣工。也就是说，在郑各庄看到的城池遗址，曾经是康熙晚期建造的行宫和王府。

《奏报郑家庄行宫工程用银数折》经中国第一历史档案馆郭美兰研究员做了汉译：

监造郑家庄行宫、王府郎中奴才尚之勋等谨奏：为奏闻事。

康熙五十七年十二月内，为在郑家庄地方营建行宫、王府、城垣及城楼、兵丁住房，经由内务府等衙门具奏，遣派我等。是以奴才等监造行宫之大小房屋二百九十间、游廊九十六间，王府之大小房屋一百八十九间，南极庙之大小房屋三十间，城楼十间、城门二座、城墙五百九十丈九尺五寸，流水之大沟四条、大小石桥十座、滚水坝一个、井十五眼，修葺土城五百二十四丈，挑挖护城河长六百六十七丈六尺，饭茶房、兵丁住房、铺子房共一千九百七十三间，夯筑土墙五千三百五十丈七尺一寸。

营造此等工程，除取部司现有杉木、铜、锡、纸等项使用外，采买松木、柏木、椵木、柳木、樟木、榆木、清沙石、豆渣石、山子石、砖瓦、青白灰、绳、麻刀、木钉、水坯、乌铁、磨铁等项及席子、苫箔、竹木、鱼肚胶等，计支付匠役之雇价银在内，共用银二十六万八千七百六十二两五钱六分三厘。其中扣除由部领银二十三万七百五十二两五钱六分三厘，富户监察御史鄂其善所交银二千二百二十两，富当所交银六百五十两，原员外郎乌勒讷所交银一万两，员外郎浑齐所交银一千八百一十两，顺天府府丞连孝先所交银一万七千六十七两八钱三分，并出售工程所伐木筹、秤兑所得银四千八百八十三两五分二厘。以此银采买糊行宫壁纱橱、绘画斗方、热炕木、装修、建造斗拱、席棚、排置院内之缸、缸架、南极神开光做道场、锡香炉、蜡台、垫尺、桌子、杌子等项，匠役等所用苫席、筐子、缸子、水桶等物以及支给计档人、掌班等之饭钱，共用银四千八百六十七两三钱八分二厘，尚余银十五两六钱七分。今既工竣，相应将此余银如数交部。为此谨具奏闻。

这份满文奏折，详细奏报了今昌平郑各庄康熙行宫、王府、城池、兵营竣工事宜，并将财务细目做了奏报。然而，孤证难立。郑各庄康熙行宫、王府工程，既有竣工满文档案，也应有开工满文档案。竣工满文档案收藏在内务府，开工满文档案也应在内务府。这份满文档案既然没有在台北故宫博物院，就应在北京故宫博物院。

原北京故宫博物院明清档案部，这时已划归中国第一历史档案馆，这里珍藏的满文档案有200多万件，其中有相当一批档案未及整理。经馆长邹爱莲等领导和专家共同努力协助，在尘封多年的满文档案包袱里，我终于找到了郑各庄清康熙行宫、王府工程开工的满文档案。这是一份为呈奏工程样式的文字说明，还有康熙帝的朱批谕旨：

行宫以北，照十四阿哥（引者按：康熙帝第十四子胤禵）所住房屋之例，院落加宽，免去后月台、前配楼、后楼，代之以房屋，修建王府一所。其中大衙门五间，共长八丈二尺五寸，计廊在内宽二丈二尺五寸，柱高一丈五尺，为十一檩歇山顶。北面正房五间，共长七丈二尺五寸，计廊在内宽三丈六尺，柱高一丈四尺，为九檩歇山顶。……大门五间，共长五丈七尺九寸，计廊在内宽二丈七尺五寸，柱高一丈三尺五寸，为七檩歇山顶。……马厩房二十间，其一间长一丈、宽二丈、柱高九尺，为七檩硬山顶。……围墙一百二十四丈，高一丈二尺，宽二尺四寸五分。隔墙一百九十六丈，高八尺五寸，宽一尺六寸。甬路三十八丈五尺（中间铺方砖，两边镶城砖）。……

康熙行宫和王府的开工档案与竣工档案，竟然合掌，双璧联珠。

2009年4月19日，在郑各庄召开"揭秘郑家庄皇城专家研讨会"上，专家们达成初步共识：上述两件满文档案所记载的郑家庄"行宫"是康熙的行宫；郑家庄"王府"是为废太子胤礽准备的王府。后康熙帝去世，雍正帝诏命胤礽的儿子弘皙为理郡王，举家迁到该府居住，后晋为亲王，成为理亲王府。可是，满文档案中所说郑家庄行宫和王府，能确定就在今天的昌平郑各庄吗？

经查，清"三祖三宗"实录和《清史稿》中，提到过四个郑家庄，即安徽合肥郑家庄、山西太原郑家庄、直隶蓟州郑家庄和北京德外郑家庄。但据《清史稿·世宗本纪》记载，雍正元年（1723）五月初七，"敕理郡王弘皙移住郑家庄。"这个郑家庄，既不是安徽合肥郑家庄，也不是直隶蓟州郑家庄，更不是山西祁县郑家庄，而是今北京市昌平区北七家镇郑各庄。其理由是：

第一，地理区位。《光绪昌平州志》记载，郑各庄即郑家庄，"距城三十五里"。档案记载："郑各庄离京城既然有二十余里，除理王弘晳自行来京外，不便照在城居住诸王一体行走，故除上升殿之日，听传来京外，每月朝会一次，射箭一次。"合肥、祁县和蓟州的郑家庄，从里程说都不符合上文记述。

第二，地面遗存。1958 年北京文物普查时，这里还有土墙垣长约 500 米；有城南门遗址，并保存南门汉白玉石匾额一方，楷书"来熏门"。现经实测为：郑各庄皇城遗址，东西长 570 米，南北长 510 米，总面积近 30 万平方米；护城河遗存南、北各长约 504 米，东、西各长约 584 米，总长 2176 米。实测数据与档案记载大体相当。经实地踏察，有皇城残垣的遗迹和青灰城砖。城墙外现东、南、西三面护城河基本保存。2006 年，村里发现了一眼铜帮水井，同民间传说的"金井"吻合。

第三，方志载述。《康熙昌平州志》的总图中有"郑家庄皇城"的标志。《光绪昌平州志》记载，康熙五十八年（1719）奉旨盖造王府、营房，仅占去"垦荒地"为"伍拾玖亩伍厘玖毫"。

第四，笔记载录。礼亲王代善后裔昭梿在《啸亭杂录》中记载："理亲王府在德胜门外郑家庄。"昭梿既是清帝宗室，又是乾隆朝人，记载当为可信。《京师坊巷志稿》也记载：（理）密王旧府在德胜门外郑家庄，俗称平西府。王得罪后，长子弘晳降袭郡王，云云。

第五，实录记载。《清圣祖实录》中出现"郑家庄"6处，其中祁县郑家庄 2 次，蓟州郑家庄 3 次，北京郑家庄 1 次；《清世宗实录》中出现"郑家庄"9 处，都是指北京郑家庄；《清高宗实录》中出现"郑家庄"20 次，其中祁县郑家庄 2 次，北京郑家庄 18 次。从中可以清楚地反映出康熙郑家庄行宫与王府的所在地，是北京德外郑家庄。康熙帝死后，其停灵厝柩之所，曾有安奉郑家庄的方案，雍正帝力主设在景山寿皇殿。说明它不会是合肥郑家庄，也不会是祁县郑家庄，更不会是蓟州郑家庄。

第六，档案为证。现在查到相关 16 件满文档案，凡涉及郑家庄的，都是指在北京德胜门外郑家庄。《内务府等奏为经钦天监敬谨看得可于康熙五十八年正式动工折》（康熙五十七年十二月初八）中的动工上梁折；《和硕恒亲王允祺等奏理王弘晳迁居郑各庄事宜折》（雍正元年五月二十二日）中"郑各庄距京城二十余里"；《和硕恒亲王允祺等奏请理王弘晳迁居折》（雍正元年六月二十日）中"因郑各庄靠近清河，相应将拜唐阿等人之口粮，由该处行文到部，由清河仓发放"等，都是明证。

这里还要说明的是，郑家庄、郑各庄、郑格庄满文名称不统一，清汉文官书译文也不统一，"家"与"各"字在地名上也常互通。清代王府不在京城，且行宫与王府有城墙和护城河的，仅此一例。至于今郑各庄南邻的平西府村，为什么叫"平西府"，有多种传说：一说是有人问路，回答者平手往西一指，所以叫平西府；也有人附会此处是平西王吴三桂的府邸。其实，吴三桂没有在北京开府，他的儿子吴应熊在北京有额驸府，是在城里，不在郊外。那么，村名为什么叫"平西府"？我想当年这里为理亲王弘晳府，也许老百姓俗称为"弘晳府"，后来谐音作"平西府"。

钟鼓楼史话

（郑毅　北京钟鼓楼文物保管所原所长）

钟楼和鼓楼，在我国城镇建设史上，曾一度风靡全国，成为城镇规划中的特色建筑。虽历经沧桑，但至今仍有不少城镇的钟鼓楼完整地保留下来，成为古老城镇发展史的见证。

目前，在全国城镇现存的钟楼和鼓楼中，形体最大、保存最完整且有原配报时大钟和定更鼓的，就数北京钟楼和鼓楼了。

一、北京钟鼓楼的历史沿革

北京钟鼓楼始建于至元九年（1272），是元、明、清三代的报时中心，距今已有七百四十余年的历史。据著名史地专家侯仁之先生主持编制的《北京历史地图集》载，当时，钟鼓楼处于元大都的中心位置。另据《析津志》载，钟楼"阁四阿，檐三重，悬钟于上，声远愈闻之"。后，毁于火。

现存的北京鼓楼，始建于明永乐十八年（1420）。钟楼始建于清乾隆十年（1745），两年后竣工。

明代的北京城是在元大都城的基础上重新修建的。明洪武元年（1368），大将徐达率军攻占元大都，认为北城空旷，少有居民居住，对守卫城市安全不利。因此，将北城墙（今土城）向南缩进2.5千米，至今安定门和德胜门一线，重建城墙、城门；明永乐十七年（1419），又将南城墙（原址在东西长安街）向南推进 0.8 千米，至今崇文门、正阳门、宣武门一线。明嘉靖三十二年（1553）兴建外城，在距正阳门约 2 千米处，兴建永定门。至此，南起永定门，北至钟鼓楼的北京中轴线形成。

明代的北京钟鼓楼，是两座单体的墩台式建筑，位于北京中轴线的最北端。

鼓楼初名"齐政楼"（取齐金、木、水、火、土、日、月·七政之意），于明永乐十八年（1420）在重建宫室的同时建成，楼体通高 46.7 米，建在高 4 米四面是坡道形的砖石台基上。鼓楼分上下两层，底层为无梁拱券式砖石结构。南北各辟三个券洞（一大两小），东西各辟一个券洞；二层为楼阁式建筑，面阔五间，进深三间。三滴水歇山顶，上覆灰筒瓦绿琉璃剪边，是一座以木结构为主的古代建筑。明嘉靖十八年（1539）遭雷击被焚，后又重修。此后，在清嘉庆五年（1800）、光绪二十年（1894）及 1941 年，均对鼓楼进行过局部修缮。

钟楼应当是与鼓楼同时建成的。据《御制重建钟楼碑记》载："皇城地安门之北，有飞檐杰阁，翼如焕如者，为鼓楼。楼稍北，崇基并峙者，为钟楼。其来旧矣。而钟楼亟毁于火，遂废弗葺治。"大意是：鼓楼稍北为钟楼。鼓楼和钟楼的历史很久了，可是，钟楼曾屡次被雷火烧毁，废弃后而没有重建。直至清乾隆十年，为了防雷击起火，才建起了全砖石结构的钟楼。

北京鼓楼老照片

北京钟鼓楼虽经几次翻修重建，但它始终担负着为全城报时的任务。随着清朝的衰亡、民国的建立和钟表的传入，钟鼓楼逐渐失去了为古都报时的功能，但"击鼓定更，撞钟报时"的方法，一直延续到1924年清朝最后一个皇帝溥仪离开紫禁城后，才彻底废止。

民国十四年（1925），为了充分利用钟鼓楼这块地方，开发民智，提高国民文化素质，经"京兆尹"薛笃弼批准，在鼓楼成立了"京兆通俗教育馆"。利用楼下各甬洞建立图书馆、讲演厅、博物部；楼上则改"齐政楼"为"明耻楼"，展示1900年八国联军入侵北京时屠杀人民和抢劫财物的图片、实物和模型，供人参观，以示不忘国耻。四周空地则辟为京兆公园，设有各种运动器械，供成人和儿童锻炼身体、休闲、娱乐。另外，还开设了平民学校，教国民读书识字，以提高文化水平。

民国十五年（1926），在钟鼓楼之间小广场设立"平民市场"，同时利用钟楼下甬洞开设"民众电影院"放映无声电影。

民国十七年（1928），南京国民政府令北京改称"北平特别市"。

民国二十二年（1933），京兆通俗教育馆改称"北平市第一社会教育区民众教育馆"。此时，正值1931年九一八事变之后。由于在日本侵占我国东北三省的情况下，该馆经常举办展览会、讲演会、戏剧演出等多种宣传抗日的活动，激发广大民

众的爱国热情和民族自卫精神，遭到日军的仇恨。日军侵略北
京后于 1938 年勒令该馆改称"北京市第一社会教育区新民教育
馆"。将"北平"改为"北京"，将"民众"改为"新民"，虽
是几个字的改动，但本质上却暴露了日本侵略者想在精神上统
治北京市民的野心。期间，该馆曾遭受三次浩劫，被肆意搜查
图书、报刊及陈列品，期间销毁书刊 4000 余册、陈列品 300 余
件，被迫于 1942 年闭馆。

抗日战争胜利后，于 1946 年复馆，定名为"北平市第一民
众教育馆"。开设教学、展览陈列、书报阅览。钟楼仍开设电影
院。钟鼓楼之间小广场重新开设，改称"民众商场"。场内有
北平地方特色的风味小吃，如扒糕、凉粉、灌肠、豆汁、爆肚、
羊霜肠、炸糕、豆面糕（驴打滚）、茶汤等；还有说评书的、唱
戏的、拉洋片的、变戏法的、耍狗熊的、说相声的等，应有尽
有。据说著名相声演员侯宝林幼年时，就在此说过相声。

1949 年初，北平市和平解放。该馆由北平市军事管制委
员会文化教育委员会接收，先后更名"人民教育馆""北京市
第一人民文化馆"。1952 年，随着北京行政区划的变更，改称

"北京市东四区文化馆"，1959 年，又改称"北京市东城区文化馆"。

1983 年，北京市政府决定修缮钟鼓楼，建成北京中轴线北端的一个旅游景点，至此，东城区文化馆从鼓楼迁出。随即"北京市钟鼓楼修缮办公室"成立。

1985 年 1 月 26 日，经北京市东城区人民政府编制委员会批准，同意成立"北京钟鼓楼文物保管所"。

北京钟鼓楼于 1957 年由北京市人民委员会公布为第一批北京文物保护单位，1996 年由国务院公布为第四批国家重点文物保护单位。

二、钟楼的建筑艺术与古代报时

　　日常生活计时从"日出而作，日落而息"发展到今天的钟表计时，经历了一个漫长的历史进程。

　　在远古时代，人们的生活很简单，主要是捕食、吃、睡和繁衍后代四件事，人们对时间的概念，只是停留在对太阳的观察上，称作"日出、日中、日入"，再细分，可称作早晨、上午、中午、下午、晚上等时间概念。随着历史的进展、生产的发展和人们交往的增多，简单的时间概念难以满足人们的生活和生产的需求，于是人们经过长期的观察，发现在太阳光的照射下，单独的树木和人的影子，随着太阳的升起和降落，会由长变短，又由短变长，且随着时间延续而移动的现象。在这种情况下，有智者就制作成圭表和日晷。古代人把一昼夜，分为十二个时辰，用十二个地支代号表示（即：子、丑、寅、卯、辰、巳、午、未、申、酉、戌、亥），刻在日晷盘上，每个时辰代表现在的两个小时。但是，这种计时器具必须是在白天有太阳光照射时才能使用，阴天或晚上则不能使用。后来，人们慢慢地发现日常使用的陶器，在有裂缝时，会慢慢地往下滴水，随着时间的延续，满罐的水会逐渐下沉，直到干涸。后来，人们就在罐底钻上小眼，壁上分成十二等份，用十二个地支代号表示，这样不论阴天或夜晚，都可以计时了。但这种计时方法仍有不足之处：一是需等满罐的水滴完后，才能添水，二是随着罐里水量逐渐减少，水压也逐渐减小，滴水的速度减慢，前后计时会有一定差距。之后，为了计时更精确，人们又发明制作了多级漏壶计时。鼓楼上，原置一座铜壶滴漏，此为宋代故物，其制为铜壶滴漏四，上曰天池，中曰平水，又次曰万分，下曰收水；中安铙神，设机械，时至，则每刻击铙者八。以壶水满为度，涸则随时增添，冬则用温水。此物明末已不存。清代改用时辰香计时。"时辰香"是一种特制的香，上面有刻度，每到一个时辰，会有铁珠落入铜盘中，发出响声，

214

用以报时。

　　为了再现古代报时的情景，2002年在鼓楼上，仿制了元代的多级补偿式浮箭"铜刻漏"。

　　以上均为鼓楼上的定时器具。

　　鼓楼上，为全城报时的器具是"定更鼓"。

　　原来鼓楼上，放置着定更主鼓一面。鼓面直径1.4米，是用特大整张牛皮蒙制而成的，现鼓面上有多处刀痕，右上侧鼓帮上写有外文字母，均系光绪二十六年（1900）八国联军入侵

鼓楼的鼓

北京时留下的罪证。另有小鼓 24 面，代表着 24 个节气，原鼓早已遗失。为了再现古代报时的情景，于 2003 年又重新复制了主鼓一面、小鼓 24 面。

钟楼上悬挂一口报时大钟。先铸的一口是铁质的，后铸的一口是铜质的。两口大钟均为明永乐年间铸造。铁钟高 4.2 米，底口直径 2.4 米，钟唇厚 0.17 米，重 25 吨。

明朝的钟楼建成后，曾一度悬挂在楼上，后因铁钟声音不够洪亮，传声不远，被铜钟置换下来。铁钟存放于钟楼湾西侧的钟库胡同。1926 年准备在"平民市场"展示，未成，又将其移至鼓楼北墙外存放，曾有拾荒者在此居住。1983 年 10 月，鼓楼准备修缮时，经北京市文物局同意，将铁钟移至大钟寺博物馆展出。

铜钟，钟体高 5.55 米，钟口外径 3.4 米，钟唇厚 0.245 米，重 63 吨，是目前全国现存最重的城市报时钟。

鼓楼上，有计时的铜壶滴漏、时辰香，有报时的定更鼓；钟楼上，有报时的铜钟。那么，古代是如何为古都北京报时的呢？

不同朝代、不同地方区域的钟鼓楼所采用的报时方法不尽相同。大致归纳为：暮鼓晨钟、暮钟晨鼓、钟鼓齐鸣。北京钟鼓楼的暮鼓晨钟流传了七百多年，为古代都城报时，每日始于暮鼓，止于晨钟。依时定更，依更报时，是有严格规定的。

据《大清会典》卷七十九记载：钟鼓楼专司更筹，清朝时隶属銮仪卫（负责皇帝出行仪仗和皇帝保卫工作，总管为正一品武官）管辖。"神武门外钟鼓楼，设更鼓晨钟，每夜派校尉承值。"古代把每夜划为五更（更，是计时单位，每更等于一个时辰，也就是现在的两个小时），即黄昏戌时（19时—21时）曰定更，又曰起更；人定亥时（21时—23时）曰二更；夜半子时（23时—晨1时）曰三更；鸡鸣丑时（晨1时—3时）曰四更；平旦寅时（晨3时—5时）曰亮更，即天明之意。定更及亮更，皆先击鼓后撞钟，其二更至四更，则只撞钟不击鼓。传说，鼓之击法是"紧18，慢18，不紧不慢又18"，如此反复两遍，共计108响。

老北京有句谚语，叫"九门八锎一口钟"，说的就是北京内城的九个城门启闭，都要听钟楼的钟声。皇城和紫禁城的更夫也要听钟楼的钟声。另外，大臣上早朝，三更起床，四更到午门外朝房等候（左文右武），五更上朝，也按左文右武，进入午门上早朝。

钟楼撞钟与鼓相同。每晚戌时（21时）定更，又叫起更，司鼓校尉以"对灯"为号，钟声响，城门关，交通断，叫"净街"。这时，皇宫乃至京城大街小巷的更夫，手持铜锣、梆子和护身用的器具，开始上夜，以报时和守卫京城的安全。

对当时钟楼撞钟报时，乾隆皇帝在《御制重建钟楼碑记》上有过非常生动形象的描述："当午夜严更，九衢启曙，景钟发声，与宫壶之刻漏，周庐之铃柝，疾徐相应。清宵气肃，轻飚远扬，都城内外十有余里，莫不耸听。"

击鼓撞钟为何定为108响呢？

原来古人以108代表一年。明朝郎瑛《七修类稿》卷四中解释："扣108者，一岁之意也。盖年有12月，24节气，72候（古代以五日为一候，积六候为月，故一年有72候），合为108，象征着一年轮回，天长地久。"寺庙里僧人做佛事用的念珠，大臣上朝用的朝珠，都是 108 颗，其数也因此而得。

农历己巳年除夕（1990 年 1 月 26 日），由北京市人民政府主办，东城区人民政府承办的敲响沉睡 66 年的报时大钟，撞钟 12 响之后，五颜六色的烟花腾空而起，从此开启了除夕敲钟为市民祝福的惯例。

明代的钟楼，应是以木结构为主的楼阁式建筑，与北京宫殿同时建成。永乐十九年（1421）永乐皇帝要从南京迁都北京，并在奉天殿朝贺，大宴群臣，所以钟楼必须建成，并悬挂上报时大钟，以示庆贺。因为时间紧迫，宫殿建设工程浩繁，再加上当时条件和材料所限，只铸了一口 25 吨重的铁钟。没想到铁钟的声音不够洪亮，所以，又重新铸造了一口大铜钟。后，钟楼不幸遭雷击失火被毁。直到清乾隆十年，才又重建钟楼。

现在的钟楼，是一座全砖石结构的建筑。过去的钟楼因为体量高大，又都是以木结构为主，所以，极易遭雷击起火焚毁。又因为在古代没有高大的起重设备，将几十吨重的大钟从地面起吊到三四十米高的钟架上，悬挂起来，十分困难。因此，乾隆时期建造的钟楼，整体建筑除钟架以外，全部采用

北京钟楼旧照

了砖石结构，从而防止了遭雷击起火坍塌的危险。对钟楼的
雄伟气势，乾隆皇帝曾有过这样的赞誉："尺木不阶，屹然巨
丽。拔地切云，穷窿 ① 四际，崇崒峥嵘 ②，金瓯绣甍 ③。鸟革
翚飞 ④，震耀华鲸。"重建后的钟楼，不仅巍峨壮观，而且把
建筑结构、共鸣、传声三者巧妙地融为一体，这在古代大型

建筑史上，堪称一绝。充分体现了我国古代劳动人民的聪明才智。

钟楼通高 47.9 米，分上下两层。底层是拱券式砖石墩台，四面开券门，券洞内呈十字相交形。中心相交处，为一口边长 6 米的正方形"天井"。往上与二层相通，可仰望大钟。钟声通过"天井"的共鸣，产生巨大的振波，向古都四方传播。二层建筑独成一体，是一座无梁拱券式砖石结构的建筑，坐落在一层墩台之上。重檐歇山顶，上覆黑琉璃瓦绿琉璃剪边，四面开券门。面阔三间，进深三间。明间屋顶中央呈半球形，八角形钟架下，悬挂着一口铸有"大明永乐年月吉日"印记的特大报时铜钟，重约 63 吨，可称中国古钟之最。两侧暗间铸有拱券式"声道"。半圆球形屋顶与拱券式"声道"构筑的巧妙结合，"天井"与十字券洞的贯通，恰似上下两个重叠的共鸣腔，使钟声回旋于腔体，产生共鸣，不仅能使钟声扩大，而且能使钟声更加圆润动听。据《御制重建钟楼碑记》载："器钜⑤则用广，非藉⑥楼表式之，无以肃远近之观。"钟置高而声远。钟楼内部建筑结构与声学原理的统一，使钟楼这座古代建筑更加独具特色。

---

① 穹窿：指天的形状，中间高，四周下垂的样子。

② 岌嶪峥嵘：高峻。

③ 甍：有浮雕做装饰的屋脊。

④ 鸟革翚飞：飞檐凌空，如鸟张翼，丹清奇丽，如雉之振采。（雉：指一种有五彩羽毛的野鸟。）

⑤ 器钜：形容钟之巨大。

⑥ 藉：坐卧之上，凭借。

三、钟鼓楼的故事

铸钟娘娘的故事

明太祖朱元璋驾崩，长孙朱允炆即位。皇四子燕王朱棣趁机发动"靖难之役"，攻占南京，夺取了皇位，定年号为"永乐"。几年后，永乐皇帝决定将国都迁往北京。

为了博得龙颜的喜悦，工部官员费尽心机，觅取各地优质建材，广招全国各地知名工匠，在元大都的废址上，大兴土木，营建宫殿。

经过周密的设计，精心的施工，一座富丽堂皇的宫殿，终于在皇城之内建起来了，而且在皇宫的北面，还建起了两座雄伟壮丽的报时楼——钟楼和鼓楼。

迁都是件大事，为了庆贺迁都之喜，皇帝大宴群臣，择良

辰吉日，大臣们随着报时的钟声，依次步入皇宫。皇帝端坐在
九龙宝座上，一面接受大臣们的跪拜，一面静耳细听，总觉得
一种沉闷之声传入耳畔，急忙招来管事太监，贴耳询问："这
是什么声音？"太监答："回皇上话，这是钟楼铁钟报时的声
音啊！"

"这声音沉闷嘶哑，有损我大明国威。传旨：限期仨月重铸
造一口铜钟！"

皇帝降旨，一言九鼎。监铸官员便召集全国著名工匠，来
京铸钟。还在钟楼之西，建了"铸钟厂"。可是一连两个月过去
了，大钟久铸未成。龙颜大怒，限令一个月之内必须铸成。如
若再铸不成，监铸官员及全体工匠一律处斩。

负责铸钟的领头工匠姓华名严，是当时全国有名的铸钟匠，
许多寺庙里的铜钟，都是他带领徒弟们铸造的。可自打来到京
都铸钟，却屡铸不成。这天，又白白地废了一炉铜水。华严师
傅闷闷不乐地回到家中。女儿华仙看到爹爹愁眉紧锁，心里很
是着急。

提起华仙，可真是个聪明伶俐的好姑娘，只可惜母亲

早逝，幼年的她不仅挑起了家务的重担，还跟男孩子一样，跟父亲学会了不少铜匠的活儿，谁都夸老铜匠养了一个好闺女。

多日来，华严师傅茶不思、饭难咽。华仙心想："爹爹准是碰上了大难题。"因为她发现，爹爹好像总是在喃喃自语："因为缺点儿什么，钟才铸不成呢？"华仙想："莫非是像铸龙泉宝剑那样，还需要加点什么东西？铸钟限期都过去二十天了，如果最后十天大钟再铸不成，爹爹和所有工匠都得被斩。"华仙看到爹爹整日劳累，夜不能寐，眼窝深陷，身体消瘦，心急如焚。她想如果大钟真的铸不出来，宁可自己死也不能让年迈的爹爹和伯伯叔叔们去赴刑。有一天，华仙跟爹爹说："爹爹，您能不能带女儿到铸钟厂去瞅瞅？兴许我能帮您呢！"老铜匠说："不用了，孩子。过两天还要起火再铸。我这些天盘算着，成败在火候，只要稍稍加高一点温度，我看这次一定能铸成。""爹爹，您就带女儿去吧！"华严师傅拗不过女儿，只好说："等着我铸钟那天，我再带你去。"

铸钟这天到了，朝廷命官，监管官员都到齐了。华严师傅带领着大小工匠，开始升炉化铜。只见铜水在炉中翻滚，可是几次取样都见华严师傅摇头，眼见着这最后一炉铜水又要白废了，工匠们都急红了眼，围观的人们也议论纷纷。正当这时，猛然间，一个姑娘从人群中飞奔出来。她上身穿一件红袄，下身配红裙裤，脚踏一双绣花小红鞋，走到华师傅面前说："爹爹，您忘了铸龙泉宝剑的故事啦？这铸钟一准儿也缺少'灵性儿'吧！"还没等华师傅反应过来，她又用手指着天空说："爹爹，您看那天上是什么？"华师傅抬头一看，天上正飘来一朵五色彩云。就在这时，华仙急步冲向熔炉，华师傅大喊一声："不好！"赶紧伸手去拦，但为时已晚，只抓下了一只绣花小鞋，华仙已经跳入熔炉中。刹时，炉火翻腾，铜水滚滚。华师傅忍痛发出口号："浇铸！"工匠们一齐努力，大钟果然浇铸成功。

当把大钟吊装起来以后，华师傅眼含热泪呼唤着："女儿啊，小仙！爹爹在喊你，你快回答！"当他亲自领槌撞击大钟的时候，大钟发出了清晰、洪亮、圆润的声音，余音绕梁，久久不散。那声音像是女儿在叫："鞋——鞋——鞋！"华师傅恍然大悟，急忙从怀里掏出女儿唯一的遗物，含泪诉说："孩儿啊！
对不起你，让你光着一只脚走了。放心吧，爹爹一定会托人，
做一双更漂亮的绣花鞋送给你。"

报时铜钟

铁钟被新铸成的铜钟置换下来。铜钟悬挂在巍峨壮观的钟
楼之上。当清晰、洪亮、圆润的报时钟声在京都上空回荡时，

永乐皇帝龙颜大悦。但闻听华仙姑娘为铸钟献身时，惋惜和悲悯之心油然而生。遂下旨建庙。为了纪念华家父女铸钟的事迹，在铸钟厂附近建起了一座娘娘庙，称"金炉圣母娘娘庙"，此庙就在今旧鼓楼大街路西小黑虎胡同内。

文人墨客也纷纷赋诗，颂扬华仙姑娘为铸钟献身的悲壮事迹。徐国枢《钟楼志异》便是其中的一首。

地安门外之钟，明永乐年间，铸钟辄[①]不就，将获谴[②]。其华严之女跃入冶炉中始成。遗弓履一只于炉外，惟击时有鞋音。纯庙[③]为之复加封"定更侯"。诗云：

昭昭孝烈树纲常[④]，亲志能完祀事芳。

百八声[⑤]中余韵远，似闻步躁[⑥]响空廊。

_____

① 辄（zhé，音哲）：总是。

② 谴（qiǎn，音浅）：罪过。

③纯庙：指乾隆帝。

④纲常：三纲五常。封建社会以君为臣纲，父为子纲，夫为妻纲，称"三纲"，仁、义、礼、智、信，称"五常"。

⑤ 百八声：古代钟鼓楼，为京城报时中心。每值更时，鼓楼内击鼓，先快击18下，再慢击18下，又不紧不慢击18下，随后重击一次，共108下。钟之击法，每与鼓同。

⑥蹀（dié，音迭）：踏，顿足。

"九门八錭一口钟"

老北京人中一直流传着"九门八錭一口钟"的俗语。原来，北京城是明朝在元大都的基础上重新修建的。就以城墙为界而言，北京有四座城，从里往外说，即紫禁城、皇城、内城和外城。除了外城，其他三座城均为城城相套（即大城套小城）。城多，城门就多，所以，老北京就有"内九、外七、皇城四"之说，后来，"内九、外七、皇城四"意思又延伸，把北京全城简称为"四九城"。如果说有什么新鲜事"四九城"都轰动了，那就是说这件事全北京城都传遍了。

如果单说"内九"，即指北京内城的九座城门。从南正中，顺时针方向依次为：正阳门、宣武门、阜成门、西直门、德胜门、安定门、东直门、朝阳门、崇文门。正阳门，又称国门。正阳门箭楼城台中间开一券门（其余八座城门的箭楼均不设门），是专供皇帝出入时开启的，平时关闭不开。车马或行人均从瓮城的左右闸门出入。宣武门，又称鬼门，因罪犯大都推出此门，到菜市口斩首。阜成门，又称煤门，京西门头沟运煤车辆来往必经此门。故在城门青石券门的门脸上刻有梅花一束，取"梅——煤"谐音之意，俗有"阜城梅花报春归"的赞誉。西直门，又称水门，皆因从玉泉山往皇宫运"御水"的车辆不断通过，故在城门洞旁，立一块汉白玉柱石，上刻有"水纹"标记，京人皆称"西直水纹"。德胜门，为征战凯旋之门，故寄语"德胜"二字。乾隆四十三年（1778），天下大旱。年末，乾隆帝行至德胜门，正遇大雪纷飞，龙颜大悦，遂作诗祈雪，并降旨刻碑，立于城楼之下，故有"德胜祈雪"之说。安定门，为出兵征战之门，皆因当时北方战事频繁，故取"安定"之意。又因北京城内粪便车辆，多出此门外消纳，故老北京人对此门又有一个不雅的称谓，即粪门。东直门，常有柴炭车辆出入，故称之为"柴门"。朝阳门，又称运粮门。门内多粮仓，从南方经大运河运至通州的粮食，再从陆路运至北京城时，皆从此门通过，填充粮仓。城门洞青石券脸上刻有谷穗一束，故有"朝阳谷穗"之称。崇文门，又称税门。凡外省市货物，均需经崇文门上税后，才能运至城内销售。又因城门外左侧镇海寺内有"镇海铁龟"，遂以"崇文铁龟"扬名全城。九道门，即是九道关口，均属步兵统领署管辖，俗称"北衙门"（刑部，称南衙门），官名简称"九门提督"，派京城绿营与步兵驻守，在当时起着重要的防卫作用。每天启闭有时，均以钟楼的钟声为准。每晚"定更"时关闭，至晨"亮更"时开启。九门中，有八座门以打䥽（一种响器，扁形，中间束腰，一端有圆孔。敲击时，声音清脆）为号，只有一座门敲钟，这个门就是崇文门。老北京人管这叫"九门八䥽一口钟"。

崇文门

崇文门为什么敲钟，不打䥽呢？原来，在老北京曾流传着这样一个故事。相传，在很久以前，刘伯温修完北京城以后，发现孽龙作怪，到处发大水，不是这里城墙被冲塌，就是那里房子被淹，弄得老百姓怨声载道。那时，北京这地方是"九龙口"，有九条龙作乱。刘伯温使出浑身解数，将一条条龙抓住。有的镇在白塔寺下，有的镇在北新桥底下，有的锁在井里，有的被赶到玉泉山上。最后剩下一条龙，十分凶恶，怎么也抓不住它。这条恶龙全城乱窜。什么后门桥、什刹海、龙潭湖，哪儿都有它的身影。刘伯温紧追慢赶，就是抓不住它。最后，有人报告："那条恶龙已经到了崇文门，把城墙都快拱倒了。"刘伯温想，这么追下去，也不是个办法。忽然，他想出一个主意，去找托塔天王李靖，借"镇妖神塔"一用。于是，他上到天界，见到托塔李天王便拜，并说："我是大明护法军师刘伯温，监造北京城，因有一条恶龙作怪，弄得京城百姓不得安宁，特请天王护佑，并借'镇妖神塔'一用。"托塔天王李靖想，宝塔是我手中镇妖之神物，怎能借予外人？就说："这宝塔是庞然大物，你能拿得动吗？"只见刘伯温口中念念有词，不一会儿，高大的宝塔变成了锥形之物，托在了他的手掌之中。托塔天王李靖看他法术超人，便把宝塔借给他了。刘伯温带着宝塔下到地界，但见恶龙仍在兴风作浪。他想：我身带"宝塔"，看你还能作恶几时？等冬至入蛰，我再治你不迟。冬至以后，刘伯温算定恶龙在南海子蛰居（即冬眠），便带着"宝塔"捉拿。到了那里，刘伯温拿出"宝塔"，说："大——"，"宝塔"果然顶天立地，重重地压在恶龙的身上。刘伯温命人把恶龙用铁链子锁上，随口说一声："小——"，"宝塔"又变成一个小锥子。刘伯温收起"宝塔"，牵着恶龙就回到崇文门，把它锁在吊桥之下。从此，北京的城墙又修起来了，房子也不再被水淹了，老百姓心里也安定了。刘伯温就把那"宝塔"埋在崇文门东边的城墙里。可是，那条恶龙还被铁链子锁着呢，它便问："什么时候把我放了呢？"刘伯温说："等崇文门打锒的时候就把你放出来。"恶龙一听还挺高兴。但它万万没想到，从此以后，崇文门就改成敲钟，永远也不再打锒了。这条恶龙将永世不得翻身。

故事归故事，但有的时候也不是一点根据都没有。据说在拆城墙的时候，就在崇文门东边，城墙的第二个垛口下，还真的发现了一个九级浮屠八角飞檐小铁塔，有的人还亲眼见过它呢。而且，崇文门确实有过一段不打锒只敲钟的历史。

古时候，九个门中有八座门启闭有时，启闭的号令就是打锛。老北京曾有一句俗话："城门响，不等人，出城进城要紧跟。"如果城门一关，老百姓再想进出城就不可能了。唯独崇文门与其他八座城门的启闭时间不同，但行人不能从此门通行，因为它是监管收税的城门。明清两代，京师税务衙门就设在崇文门外路东。所以，这个城门的启闭号令也与其他八个城门不同，只敲钟，不打锛，这才有了"九门八锛一口钟"这句俗语。

钟楼和鼓楼是元、明、清三代的报时中心。浮想那时的黄昏和黎明，随着钟楼报时大钟的声响，全城的打锛声、更鼓声、铃柝（打更用的梆子）声，响遍大街小巷，更为古城的风韵增添了一抹亮丽的色彩。

中轴线遗闻逸事

（勾超　北京史地民俗学会副秘书长）

　　北京城历史悠久，有着3000多年的建城史，860多年的建都史。在北京城中心有一条直通南北的轴线，被称为"北京中轴线"。"北京中轴线"是指自元大都、明清北京城以来，北京城东西对称建筑物的对称轴，诸多建筑物亦位于此条轴上。

　　北京中轴线是世界上现存最长、最完整的城市中轴线，承载着丰富的历史文化内涵，堪称世界城垣建筑历史的经典之作，是北京闪亮的文化名片。中轴线既是北京城交通的重要枢纽，也是城市规划设计的中心线。

　　明、清北京城的中轴线南起永定门，北至钟鼓楼，距离7.8千米。

　　著名建筑学家梁思成先生曾称赞过"北京中轴线"：

北京在部署上最出色的是它的南北中轴线，由南至北长达七千米余。在它的中心立着一座座纪念性的大建筑群。由外城正南的永定门直穿进城，一线引直，通过整一个紫禁城到它北面的钟楼鼓楼，在景山巅上看得最为清楚。

世界上没有第二个城市有这样大的气魄，能够这样从容地掌握这样的一种空间概念。更没有第二个国家有这样以巍峨尊贵的纯色黄色琉璃瓦顶、朱漆描金的木构建筑物、毫不含糊的连属组合起来的宫殿与宫廷。环绕它的北京的街型区域的分配也是有条不紊的城市的奇异孤例。

一起一伏、一伏而又起、一层又一层的起伏、一波又一波的远距离重点的呼应……

全世界最长，也是最伟大的南北中轴线穿过全城，北京独有的壮美秩序就由这条中轴的建立而产生。

一、永定门复建

永定门是"北京中轴线"的南端，是明、清北京外城城墙的正门，位于左安门和右安门中间，是北京外城城门中最大的一座城门，也是从南部出、入京城的要道。

永定门始建于明嘉靖三十二年（1553），寓"永远安定"之意。嘉靖四十三年（1564），北京外城建成。

北京外城七门：永定门、左安门、右安门、广渠门、广安门、东便门、西便门。

永定门瓮城城墙从 1950 年开始被陆续拆除，1957 年因其妨碍交通加之年久失修已是危楼，永定门城楼和箭楼遭到拆毁。2004 年北京永定门城楼复建，成为北京城第一座复建的城门。外城的 7 座城门均未能保留，只有永定门在原址得以复建。

2003 年在先农坛的一株柏树下发现了永定门的石匾。2004 年复建的永定门城楼上镶嵌的石匾，就是仿照这件原物复制的。永定门重建使用的老城砖是嘉靖年间烧制的。1954 年建三台山危险品仓库，正赶上拆除永定门，城砖就拿来修了仓库的围墙。2004 年复建永定门城楼时，正赶上拆除三台山危险品仓库，这些老城砖经过一个轮回又重新砌在永定门的城楼上。

增建外城工程于明嘉靖三十二年（1553）开始，先由南线筑起，因资金不足，难以为继。内阁首辅严嵩想"妙计"向嘉靖皇帝建议，只筑南线城墙，其他三面待日后有钱时再说。南线城墙其东、西两端，向北弯折，与内城的东南、西南两座角楼会合。

嘉靖君臣没有料到，所谓"日后再说"，直至明亡再也未被说起。北京城的"回"字形格局没有形成，变成了"凸"字形。

"北京中轴线"南端一东一西分布着天坛（天地坛）、先农坛（山川坛）两处皇家祭祀场地。

二、圜丘坛逸事

天坛建于明永乐十八年（1420），其中的圜丘坛是皇帝冬至祭天的地方。清代乾隆十四年（1749）曾大加扩建。关于乾隆重修圜丘坛，还流传下了一个有趣的逸事。

现在人们走在台上，如果用心观察一下，马上就会发现台面、台阶和栏杆所用的石块都是9的倍数，这是非常神奇的！

据说清朝乾隆皇帝嫌圜丘坛面积狭小，认为这和大清广袤的国土很不相称，于是就下旨要扩建、重修圜丘坛。工匠长接受了这一任务，不久，便设计出具体的扩建方案，画出了图样，呈递给乾隆。乾隆一看，还不错，圆圆的台面，汉白玉的栏杆，很有肃穆庄重之感，看后非常满意。站在一边爱拍马屁的大臣和珅为了取悦皇帝，就说道："启禀皇上，古代天数认为天为阳，地为阴，奇数为阳，偶数为阴，不知其设计所用石块是否为阳数啊？”乾隆听后便说：“和爱卿言之有理，修祭天台需用阳数，九是最吉利的数字，从坛面到台阶，所用石料都应是九或九的倍数！”

这下可急坏了工匠长，皇上要求的样式他从未听过，也从未见过，怎么可能弄出图样啊！他没黑没白地反复画图计算，怎么也计算不出来。

几天后，乾隆传他，询问工程情况，工匠长胆战心惊地说："还没算出来，请皇上再容三日。"

此时，上次出馊主意的和珅又说："据说之前的坛已毁，用料也备齐，民工们整日无事可做，坐吃白饭且不说，若是耽误了皇上祭天……"

话没说完，乾隆火冒三丈，一声喝令："斩！"这"斩"字一出，上千人的性命就危在旦夕了。工匠长听了吓出一身冷汗，一个劲儿地磕头说好话，保证三日之内设计好图样。

工匠长无奈之下，他只好把皇上的旨意告诉了工匠，工匠们想了很多办法，但还是设计不出来，眼看着三天的期限将至，大家心灰意冷，只好坐等被杀。

到了第三天晚上，工地上来了一个骨瘦如柴、衣衫褴褛、满身污垢而且又脏又臭的乞丐小孩前来乞食。此时工匠们正在极度绝望中，大家告诉他："我们还泥菩萨过河——自身难保，给你点吃的？没有，没有，快走吧！"可这乞丐小孩儿，硬说他力气大，能干活，不想走，想留下来干活，工匠们说："这儿的活干不成了。"小孩儿说："干不成了，你们怎么不走啊？你们不走，我就要留下来混口饭吃。"工匠们拿他没办法，只好把他带到工匠长那里。

工匠长正一个人坐在屋里喝闷酒，他呀，也是山穷水尽没辙了。见大伙儿带个乞丐小孩儿来，破衣烂衫的，还流鼻涕呢，也怪可怜的，就好吃好喝地款待他，他问孩子："叫啥名字？家住在什么地方啊？"

乞丐小孩一言不发，低头狼吞虎咽般地吃、喝起来。给多少吃多少，吃得倍儿香。吃饱喝足后，他从身上撕下一块破烂衣襟擦擦手、抹抹嘴。擦完把破布头往地上一扔，"噌！"一声，一溜烟儿跑没影了。

工匠长觉得这个小孩非常怪异，于是拾起他丢下的擦嘴破布一看，只见这破布角上有个清晰的"秦"字，再铺平细看，背面分明是一幅祭坛的图样！

工匠长如获至宝，一把抓起，他算呀，数呀，怎么看怎么对。细加计算，正是乾隆皇帝所要求扩建的"九九祭坛图"。工匠们奔走相告，非常高兴，这坛面一层是9块扇面形石块，二层是18块石块……以此类推，第九层整好81块石块。

这台阶也是9的倍数，这栏板还是9的倍数，整整360块。高啊！实在是高！这小孩儿是谁呢？

工匠长突然想起了破布头上的"秦"字，他明白了，原是我国古代大数学家秦九韶大师派神童前来帮助自己，工匠长喜笑颜开，连夜画出图样敬呈给乾隆，乾隆见了非常高兴，于是嘉奖了工匠。皇帝下旨开工，圜丘坛终于按时开工了。

工匠们齐心协力，很快就将九九祭坛图修建成了宏伟的建筑。圜丘坛的计算极其精确，外观无比的漂亮。

圜丘坛在明朝时为三层蓝色琉璃圆坛，清朝在扩建时，改蓝色琉璃为艾叶青石台面，并增设汉白玉柱、汉白玉栏杆。不仅坛面嵌用的扇面石板数有一定的规矩，就是四周石栏上雕刻花纹的石板数也有规定的数目。

第三层每面栏板 18 块，由二九组成，四面共 72 块，由八九组成。第二层每面栏板 27 块，由三九组成，四面共 108 块，由 12 个九组成。第一层每面栏板 45 块，四面共 180 块，由 20 个九组成。上中下三层台面的栏板总数为 360 块，正合历法中一"周天"的 360 度。

这些石板形状相同，大小一致，既整齐又美观，经过了多年风雨，整个坛面却依然平整，接缝依然严密无隙，真正体现了我国古代建筑高超的工艺水平。

三、先农坛逸闻

先农坛始建于明永乐十八年（1420），旧名山川坛。祭祀先农为封建社会的一种礼制。每年开春，皇帝要带领文武百官祭祀于先农坛。乾隆皇帝多次来先农坛亲耕，流传着很多有趣的逸闻。

蝼蛄本是一种昆虫，头部呈三角形，以一针状硬刺与胸部相连，两对翅，前翅短平，叠于背上，后翅长。那么堂堂一国之君的乾隆皇帝和这个昆虫之间，发生过怎样的逸闻？

有一年孟夏刚过，乾隆皇帝带着他的爱臣刘墉和几个随从来到先农坛，想看看仲春之时种下的大豆和玉米。可当他来到玉米地边，却看到有好几棵玉米叶子都打蔫儿了，就问刘墉："刘爱卿，你说说这整块地的玉米长得都好好的，这几棵为何打了蔫儿啊？"刘墉说："万岁，您先容我详查之后，再禀告与您。"说罢，那刘墉赶忙弯下腰去仔细观察，他用手拔起两棵打了蔫儿的玉米秧子，在土里扒了扒，发现两三只蝼蛄正趴在玉米根上，起劲儿地啃吃，他顺手抓了两只蝼蛄捧到皇上面前，双膝跪地说："启禀万岁，就是这小孽虫所为呀。这小东西叫蝼蛄，专吃植物的根。"

乾隆一看很是生气，马上吩咐随从："捉，捉，捉！"这些随从赶紧动手就捉，一连捉了一二十只。随从问皇上如何处理，乾隆降谕说："带回去问罪！"于是随从找了一个小罐将蝼蛄装起来，吩咐带回宫。乾隆与随从往回走，当走到天坛西门就是祈谷坛时，刘墉近前禀道："我主万岁已到祈谷坛门，是否去天坛看看？"乾隆回复道："这几日天公不作美，雨水好像还是不足啊！走！前去走走，静思，静思。"

于是乾隆来到斋宫，准备在斋宫寝殿小歇，宽衣落座，闭目养神，当他迷迷糊糊正要入睡的时候，就听见有虫鸣之声。这虫鸣之声，当时刘墉和随从也听到了，刘墉吩咐，找出虫鸣声音的出处，那些随从顺着声音仔细一听，这虫鸣之声是从那装蝈蝈的小罐里发出的。随从把盖儿打开，虫鸣的声音更大了，他们怕吵醒皇上，于是就把蝈蝈的头拧掉了。

休息之后，乾隆要起驾回宫，刚到门口处，就被一大片蝈蝈拦住了去路，随从四处驱赶也赶不开，蝈蝈越聚越多，乾隆只好停下，问刘墉到底怎么回事儿，刘墉低头沉思片刻，对皇上禀道："启禀万岁，方才您小歇之时，这些小东西一阵鸣叫，随从怕把您吵醒，惊了圣驾，就把它们的脑袋拧掉了，这些可能是它们的同类，心中不平前来告状也未可知啊！"

乾隆闻听，责怪随从办事鲁莽，并且说："这些小生命也怪可怜的，好吧，还它们个全尸吧！"随即叫随从把那小罐拿来，信手从罐中拿出一只蝈蝈，又顺手摘了一根酸枣刺，把蝈蝈的头和身子连在一起，放在地上，说来也怪，这只蝈蝈竟然又活了。刘墉于是吩咐随从，把所有无头蝈蝈照此处理，蝈蝈竟然都活了。这时候满地的蝈蝈全部散去，乾隆这才得以回宫。

四、前门逸事

位于中轴线的前门大街是一条重要街巷，也是北京非常著名的商业街。明嘉靖二十九年（1550）建外城前此路是皇帝出城赴天坛、先农坛的御路，建外城后成为外城主要南北街道，民众俗称为前门大街。大街长845米，明、清至民国时皆称为正阳门大街。1965年正式定名为前门大街。前门大街两侧有大栅栏、鲜鱼口、粮食店等诸多集市和街道，临街的老字号与商铺鳞次栉比，种类繁多。

北京城老字号种类众多、历史悠久，所流传的老字号的遗闻逸事也很多。

咱们国家有个成语叫"财不露白"，意思就是说您有钱也别轻易显露，尤其出门在外，容易让歹人惦记上。可是从古至今，从来也少不了那种"恐怕别人不知道我有钱"的人，用现在的话说叫"炫富"。在北京有这么句老话儿，是专门用来怼这类人的，叫"你有钱怎么不买前门楼子去？"

前门大家都知道，就是正阳门，这是老北京内城的正门，按照九门走九车的说法，前门走龙车，也就是说只有皇帝才有资格走，所以它在内外城十六门里的级别和建制都是最高的，当然造价也肯定是最高的，如果要卖城门，前门一定是最贵的；而且它还是北京城的防御系统，是封建社会不计成本的产物，一般人怎么可能买得起？人们通常会认为，前门楼子从来就是"公家"的，压根儿也不卖，所以大家用这句话来怼人。其实呢，这句话是有出处的，前门楼子还真的"卖"过！

清政府倒台后，北洋军阀占领北京，20世纪30年代前门外开了一家商店，有十几间的门脸儿，买卖做得很大，号称日进斗金，是前门大街最大的百货商店。字号取的也霸气，叫亿兆百货商店，也就是现在前门亿兆商场的前身。亿兆都是计数单位呀，千万后面是亿，一万亿才是兆呢！

当时的北洋军阀打仗缺钱，到处找人筹集军费，说筹集是好听的，说白了就是逼着要钱。有一天一位军官就带着兵来到亿兆百货商店，说："我的军队保护你们商号，你们得出点儿军费！"老板心里话儿："你保护我什么了？也不是我请你来的！"可嘴上不敢这么说，乖乖地问要捐多少？

军官说："你们叫亿兆，那就证明你趁几万个亿呀，让你捐一百万现大洋不多吧？"老板差点没哭出来："那字号就是图个吉利，我哪儿有那么多钱哪？"军官说："少跟我哭穷，一百万没有，那就出五十万吧。这么着，也不让你白掏钱，瞧见没有，把它卖给你。"说着往外一指，老板顺着军官手指的方向一看，好么，前门楼子呀！这会儿的前门真的就只剩楼子了，因为瓮城没有了。这是袁世凯任大总统期间，请德国建筑师改建的正阳门，建筑师认为瓮城阻碍交通就给拆了。老板心说："我买它干吗用啊？"跟军阀说五十万现钱也拿不出来，军阀说："你们家叫百货商店，听说你们库房不小，现钱不够就拿货抵。"

就这样，当天军队就派车来亿兆百货商店取钱拉货，五十万的东西呀！整整拉了一天一宿。老板看着前门楼子哭笑不得："它是我的啦？谁承认哪？我过去跟进出前门的人收钱，这不挨骂吗？我搬家去？别说我家没地方搁，就是有地方，我真过去拆，不让人打死才怪呢！"

转眼来到了正月十五，北京城有钱的老板都会燃放烟花，以求来年买卖红红火火。亿兆百货商店的老板也不例外，准备了一大批烟花。没想到还没等老板开始放，店门口就挤满了观看烟花的老百姓。老板担心出现踩踏事件，赶紧找到了当地的巡警，巡警说："这还不好办，大帅不是把前门楼子卖给你了吗，你上那儿放去啊，那地儿大，还宽敞。"老板一听，也是个招儿，于是让伙计搬着烟花去了前门楼子。这一放可不要紧，第二天满北京城就传开了，说亿兆百货商店的老板把前门楼子给买下来了。老百姓都在私下议论，说亿兆百货商店的老板臭显摆，不就是怕别人不知道他买了前门楼子吗，还特地上那儿放烟花去。后来北京城就有了这句老话："有钱你去买前门楼子去啊！"

五、景山逸事

景山是明清的皇家御苑，也是北京城内登高远眺、观览全城景致的最佳之处。明代兴建紫禁城时，曾在此堆放煤炭，故有"煤山"俗称。明永乐年间，将开挖护城河的泥土堆积于此，砌成一座高大的土山，叫"万岁山"。

景山由五座山峰组成，高43米，山顶五亭建于清乾隆十五年（1750）。居于中峰有一座方形、三重檐、四角攒尖式的黄色琉璃瓦亭叫"万春亭"。两侧是两座双重檐、八角形绿琉璃瓦亭，西侧的称为"辑芳亭"，东侧的称为"观妙亭"。两亭外侧还有两座圆形、重檐蓝色琉璃瓦亭，西侧的为"富览亭"，东侧的名叫"周赏亭"。每座亭内均设有铜铸佛像一尊，统称"五位神"。

景山寿皇殿建筑群始建于明万历十三年（1585），清乾隆十五年（1750）移建至现今位置，寿皇殿是供奉清代历朝皇帝神像的处所。寿皇殿覆黄色琉璃筒瓦重檐庑殿顶。面阔9间，进深3间，前后带廊，前有月台绕以护栏，前、左、右各有12级踏步，前正中有御路，雕二龙戏珠。檐下明间悬满汉文"寿皇殿"木匾额。

1954年北京市政府决定从景山公园划出一部分让北京市青少年活动中心使用。1956年1月1日，北京市少年宫正式在寿皇殿成立，自此形成了"一园两治"的管理模式。随着北京市少年宫的迁出，2013年12月31日，寿皇殿建筑群正式回归景山公园。2018年完成寿皇殿布展工作并于11月22日面向公众开放。

景山作为北京明、清皇城中的古迹景观，明、清两朝皇帝在景山有着诸多逸闻逸事。

话说明朝末年，大明王朝北有满族清兵虎视眈眈的觊觎，西有号称"大顺国"的李自成领导的农民起义军风起云涌，崇祯帝在位十七年虽然也胸怀大志、勤政理事、节俭自律、不沉于女色，也敢于铲除阉党魏忠贤，为大明王朝力挽狂澜。

但据史载，此人不能知人善用、所用非人，又刚愎自用，懦于断决而果于杀戮，在他的任内，杀了14个兵部尚书，忠良之将袁崇焕被他凌迟处死，还杀了7个总督、11个巡抚；内阁辅臣换了50多人。另外，万历年间留下的烂摊子积重难返，全国竟有50%以上的知县的位置空缺。泱泱大明王朝历经了276年的全盛终于日薄西山、气数将尽。崇祯无力回天，也心烦气躁、寝食难安、惶惶不可终日。

1644年正月初八李自成率大军浩浩荡荡从西安杀向北京。大明江山岌岌可危，崇祯虽知大势已去，终不肯束手待毙，依仗北京城高壕深，坚守不出，以待救援。

闯王义军攻城不克，损失惨重，军师宋献策献计，让闯王设法动摇崇祯坚守孤城的决心。他附在闯王耳边，如此这般说了一通，闯王听了连连点头。

第二天，宋献策乔装扮成一测字老先生，混入北京城内，在皇城景山之北，摆下测字摊，一幅白布招牌迎风摇摆，上书："鬼谷为师，管辂是友。"

原来宋献策深知崇祯素信天命，平常喜欢招些江湖术士进宫相面、卜卦。每日早起，必在乾清宫中虔诚拜天，然后上朝。崇祯感到一直有"上天弃我，剪灭大明"的"预兆"，宋献策此行，就是要使崇祯相信，这种"预兆"已经成为无可挽回的事实。

崇祯自闯王兵临城下后，终日寝食不安。这日，他带上贴心太监王德化，青衣小帽，溜出皇宫散心。走到景山之北，无意中看到宋献策测字摊上的招牌，崇祯停住了步子，心想，平日召进宫来的江湖术士，怕我治罪，尽说些阿谀奉承之词，什么"援兵将至，闯贼气数将尽"。今日这测字先生，不明我的身份，想来不敢欺我，我何不测上一字？想着，便与王德化嘀咕两句，朝测字摊边的长条凳坐了下去。

王德化将身凑近宋献策轻声说道："先生，我家主人想测一字。"

宋献策抬头一看，见王德化年近四十，却脸白无须，且声细如女子，知其为太监，再看看坐在一旁的崇祯，心里已明白八九分，即刻笑脸相迎问道："不知客官欲测何事？"

王德化赶忙答道："我家主人欲测国事。"

宋献策闻言，心中暗喜，顺手拿起桌上的毛笔递到王德化面前说:"需测何字,请客官动笔。"

王德化随手朝招牌一指说:"就测那'管辂是友'的'友'字吧。"

宋献策把那"友"字端端正正地写好,左手捧着字,右手拈着须,思索片刻道:"客官若问他事,尚可另当别论;若问国事,恐有些不妙。你看'友'字这一撇,遮去上部,则成'反'字,倘照字形而解,恐怕是'反'要出头。"

崇祯一听,面色骤变,王德化更是惊得非同小可,赶忙摇手道:"错了,错了,不是这个'友'字。"

宋献策听罢,慢条斯理地问道:"客官莫非测的是有无之'有'字?"

王德化看了看崇祯的脸色,连连点头答道:"对对对,就是这个'有'字。"

宋献策随即在纸上写下一个"有"字,端详再三,沉吟不语,只是不住摇头。

王德化赶忙催促道:"先生快测,莫要耽搁了我们的工夫。"

宋献策站起来,将身凑近崇祯与王德化轻声说道:"若是这个'有'字，恐怕更为不祥。你们看这个'有'字，上部是'大'字缺一捺，下部是'明'字少半边，分明是说，大明江山已去一半。"

那王德化一听，只吓得冷汗直冒，连连叫道："不不不！不是这个'有'字，不是这个'有'字！"

说着，抓起桌上的毛笔，可是，不等他落笔，崇祯拍案而起，劈手夺过王德化手中的笔，恶狠狠地骂道："不中用的奴才！"一边骂着，随手在身边的纸上写下一个申酉戌亥的"酉"字，往宋献策面前一推。那宋献策不慌不忙将字接过来，凝神沉思，时而愁眉紧锁，倒抽冷气；时而急搓双手，连连顿足。急得崇祯坐立不安，不断催促。宋献策却无动于衷，两眼低垂，默不一语。

崇祯着急地问道："先生因何一言不发？"

宋献策叹了一口气，摇着头说："此字太恶，在下不便多言。"

崇祯听罢，心里一凉，但仍然硬着头皮道："测字之人，只求实言，先生不必隐讳。"

　　宋献策见催促得紧，看"火候"已到，便假装神秘地说道："此话说与客官，切莫外传，看来大明江山，亡在旦夕，万岁爷获罪于天，无所祷也。你看这'酉'字，乃居'尊'字之中，上无头，下缺足，分明暗示，至尊者将无头无足矣。"

　　崇祯不听则罢，一听此话，只觉得头昏目眩，腿脚发软，若非王德化在一旁搀扶，早已瘫倒在地。两人再也无心去了解民心军情，一路长吁短叹地回了宫。

　　1644年3月16日，明朝大将李国祯统三大营京兵携重火器在城外公然投降李自成！

　　3月18日夜，崇祯帝在斩杀了自己的妻女之后，与太监王承恩逃上煤山（现今为景山），四望之下，北京城内已杀声一片，农民起义军已杀进城内。崇祯帝凄然自取冠冕，自觉无颜去见列祖列宗遂披发遮面与太监二人同时用两条帛巾在煤山那棵歪脖树上自缢身亡。

　　这上吊自缢竟暗合了"酉"字的截头之说，不愉快的拆字，给了崇祯皇帝非常不好的心理暗示，从而鬼使神差地指引他走上了上吊自缢这条不归路，那年崇祯皇帝才34岁。

六、万宁桥逸事

万宁桥被称为"中轴线上第一桥",坐落于北京地安门外,在鼓楼与地安门中间,位于北京中轴线上。《京师坊巷志》载:"地安桥,俗称大桥,旧为万宁桥。"万宁桥始建于元朝,原为一座木桥,至元二十二年(1285)改为单孔石拱桥,命名为"万宁桥"。又叫"海子桥","后门桥""地安桥""洪济桥"等。2000年2月重修,恢复万宁桥原名。

至元二十九年(1292),元世祖忽必烈采纳郭守敬建议,引昌平白浮泉入大都扩充积水潭容量,使水经万宁桥下向东南流出城关,直至通州,连通京杭大运河与元大都。

万宁桥是通惠河的重要枢纽,也是积水潭进出的水路通道。桥西设"澄清上闸",通过蓄水放闸,使沿京杭运河南粮北运的漕船可以径直驶至天子脚下，抵达积水潭码头，积水潭成为京杭大运河的终端码头。当年积水潭水面宽裕，湖中舟楫密集、帆樯蔽日；两岸酒楼茶肆、歌舞升平。"燕京三月风和柔，海子酒船如画楼"正是当年的真实写照。

万宁桥也是京城中重要的交通要道，中轴线穿桥而过，南北延伸。万宁桥地理位置显著，也是历代人文活动的重要场所，元代是大都城百姓观看浴象的地点，桥畔建有万春园，是举子们庆贺欢宴之地。明、清两代由于前海种植大量莲藕，每到夏季，万宁桥是京城百姓纳凉赏荷的绝佳位置。

万宁桥亦名"澄清桥"，是历代文人用诗文形式表现最多的桥梁之一。如："金沟河上始通流，海子桥边系客舟。却到江南春水涨，拍天波浪泛轻鸥"和"浩荡东风海子桥，马蹄轻蹴软尘飘。一川春水冰初泮，万古西山翠不消"。

万宁桥北侧为火德真君庙，俗称"火神庙"。火德真君庙是皇家祭祀火神的宗教场所，从明代天启元年（1621）到清代光绪年间，每到农历六月二十二日，万宁桥畔的火德真君庙都要举行祭祀火祖诞辰活动。据《京城古迹考》记载："庙系贞观

时建，元至正六年重修，万历三十三年始增碧瓦。春明梦余录
云：后有水亭，可望北湖。今在地安门北。内神殿二层，阁二
层，或遇颓敝，官司修葺，庙貌常新。惟向时水厅遗址，悉为
栋宇，隔一缭垣，北湖不可望矣。"

过去北京城流传着一句话，至今还挂在老人们的口头上，
就是"火烧潭柘寺，水淹北京城"。

北京城写在哪儿呢？原来在后门桥的下边，立着一根石柱，
上面刻有"北京"二字。每到雨季，什刹海水量增多，水位一
高，如果把石柱上的"北京"二字淹了，北京城就会发生水灾。
这石柱是古代人测量水位的标志，假设什刹海的水接近"北京"
二字，朝廷就会组织人力排水。

至于"火烧潭柘寺"，是说潭柘寺大庙里有一口大铜锅，
铜锅地下铸着"潭柘寺"3个大字。和尚们每天烧柴做饭，那火
焰自然要烧到铜锅底下的"潭柘寺"3个大字。

老人们说："火烧潭柘寺，水淹北京城"，不仅仅是个传说。
还有一则防患于未然的意思。铜锅底下铸有"潭柘寺"字样，
是告诫和尚们小心用火，预防火患。立在后门桥的石柱，则是

预防水患的意思。

在清代咸丰年间，大臣翁同龢在 1860 年 7 月 11 日的日记中有这样的文字记录："雨复至，殊无情，直谚云：火烧潭柘寺，水淹北京城。去年潭柘寺佛殿毁于火，今年恐有水患矣。"

关于万宁桥与北京城建城的关系，还有这样一个逸闻：燕王朱棣占领大都城之后，让徐达找到刘伯温，问他重建城池应该建在哪里好？刘伯温对徐达说："凭着你的神力往北射上一箭。箭头指向哪里，就在哪里修城。"于是徐达站在卢沟桥上搭箭拉开弓，朝北方射出。这箭速度很快，一眨眼的工夫就无影无踪了。刘伯温下令让士兵循着射箭的方向去找。

再说徐达射的这箭飞着飞着，就落在了北苑这个地方。北苑这地方住着几家大财主，唯恐在这里建造城池，这样一来，他们苦心经营的房产、地产将付之东流。几人一商量，就转手把箭射了回去。毕竟这几个财主不是习武之人，气力不大，结果这箭落在了万宁桥这个地方。

刘伯温知道箭应该落的地方，就派人到北苑那地方去找。结果找来找去就是找不到。后来一打听，原来是那几个老财主出的馊主意。

刘伯温命军兵把那几个老财主带到自己面前，这下子把那几个老财主吓坏了！他们跪在刘伯温面前磕头求饶，嘴里还说，只要是刘伯温不在北苑建城，什么条件都能答应。

刘伯温捻着胡须想了一想，说道："既然是这样，那你们几个人把修建城池的银两包了吧。"

几个财主你看着我，我看着你，最后只能硬着头皮答应下来。

刘伯温拿着图纸，找来工匠开工。先修西直门，再修安定门，这两个城门还没修好呢，那几个老财主就全都倾家荡产了。

万宁桥两侧有石质伏状镇水兽四尊。其中桥东北侧那只雕刻简单朴素，在额下刻有"至元四年九月"的字样，是元代遗物。其他几只为明代所刻。镇水兽长1.77米，宽9.9米，高0.57米。镇水兽——蚣蝮，传说中的龙生九子之一。扁平龙头、头顶雕刻有一对鹿角，嘴瘪翘鼻，身、腿、尾巴长满龙鳞。嘴大，肚子能容纳很多水，又称吸水兽。

镇水兽两目圆睁盯着水面，四爪张开抓着花球，浑身披着鳞甲，尾巴卷曲。这种镇水兽的式样在京城之中绝无仅有，堪称一绝。

蚣蝮性善好水，能吞江吐雨，会调节水量，负责排雨水。在建筑中多用于排水口的装饰，在故宫、天坛等经典的皇家建筑群里经常可以看到蚣蝮的身影，常雕刻于桥顶或桥两侧的石上，以此灵异之物镇住滔滔河水，寓示大桥会永避水害，因此备受百姓崇敬。

关于万宁桥的镇水兽还有一段逸闻。龙王之子蚣蝮，从小受到龙王的溺爱，很难受他人管束。玉皇大帝赐给龙王一颗辟水宝珠，龙王放置在专门的箱子中小心保管。

一日，蚣蝮与好友酒醉后误入龙王屋中，无意间发现了宝珠。蚣蝮取出宝珠玩耍，不慎失手摔坏宝珠。

玉帝闻听消息大怒，下旨意要在剐龙台处死蚣蝮。多亏龙王和众天神苦苦相求，蚣蝮才得以活命。玉帝命蚣蝮在人间负责排雨水以赎罪。所以蚣蝮趴在过河桥上以镇住滔滔河水，永避水害，保佑一方百姓安全。

番外：

在后海过慢时光

郭宗忠

后海应该算是北京市区里的幽静之地。

这幽静是自然的，什刹海连环的湖水，幽深悠远的胡同，四合院里的古槐老枣树，荷花野鸭，朝霞晚星，小商贩的吆喝声，家家户户的门墩以及扇着蒲扇在老槐树下乘凉的老人……这自然有着乡村的风情，有着乡亲邻里的亲爱平和。

这幽静又是人文的，帝王将相的恭王府、亲王府，名人故居，平常人家……这人文里有着厚重的胡同文化的积淀，一府一院都藏着无穷无尽的历史与沧桑。

　　走出胡同就是车水马龙，就是市井喧嚣，而在什刹海区域的每一处都是如此安静，安静的是内心有了停歇之处，也有了并不是闭塞的自由自在。

　　一切平静，一切随意。在什刹海，你什么也不用想，只是走，只是看，或者发呆。每一个门面每一个小店，只管推门进去，店主人也是散淡的人，有这么个铺子，说是在经营，倒不如说是在享受自己经营的商品，享受这市井里的时光，每一件商品都是独特的。比如那个卖手工记录本的店铺，年轻的店主人专心致志地亲手切割牛皮做着记录本的封面，纸张也是自己挑选的，连穿记录本的线都是用牛皮割成线条自己亲手搓在一起的，每一本都各有特点，都有自己的创意，都会让自己爱不释手。价格是材料费加店铺租金费，人工费可有可无，物有所值。美在每一个记录本里呈现，吸引着人们驻足，爱不释手，带上一本，回家写上自己喜爱的文字，这文字在这样的记录本里，仿佛才有了安身立命之处。

　　还有那个本子的封面是熏干的、淡紫的鼠尾草塑封的，里面的纸张是带着各种树叶的宣纸加厚制作而成的，有着自然的清芬和经典的雅致，有种动人心弦的旋律回旋在这一个日记本里。这本子可以一字不着，尽得风采；可以写下对自己想说的话，一任随心；也可以抄下心爱的诗行，意随白云。

那是怎样的时光，在烟袋斜街，古玩、丝绸、折扇、鼻烟壶，还有糖葫芦、酸奶，一切小小的遇到都仿佛是前世的因缘，仿佛一切都曾在从前的生活里经历过，让生活里急促的脚步在这里慢了下来，那是祖先的记忆遗传吗？我但愿相信这是我自己前世有过的生活。那在湖边垂钓，那在四合院里喝茶听雨，那都是清清静静的时光，都是一点一滴刻入了骨子里的。

大金丝胡同、小金丝胡同、小凤翔胡同、西煤厂胡同、毡子胡同、羊房胡同……这蜿蜒曲折的胡同，通往了前海、后海、西海，通往了德胜桥，通往了鼓楼大街，通往了北海。不过，这些胡同藏在胡同里，藏在胡同人家世代的烟火里，胡同从来都是轻描淡写，即使住着的是皇亲贵族，也是在这逼仄的胡同里进进出出，交错的胡同纵横着人世间的经纬与风雨。

你随意走，每一个胡同里的每一座四合院都有着故事，那一座座四合院的标签介绍的背后，到底还隐藏着多少秘密，即使你翻遍《日下旧闻考》《燕都丛考》等古籍，也不能全然找回那些往事。

在每天流逝的日子里，从前也是这样流逝的吧？就像飞渡的白云，没有人管没有人问，每个人在过着自己的日子，荣也罢辱也罢，都已随风而去。

如今，我喜欢这些胡同，是喜欢这里可以安静地走，走进那个半截胡同，胡同里的那几棵老槐树见证过什么？它们都不言语，对任何人都守口如瓶，谁也问不出从前，它们也不会预测未来，只是在此刻，我仰望着这有三五百年岁月的槐树，也让自己的生命在这里有了更多的沉实。

需要钩沉历史吗？不需要。只要走，安静地走，一遍一遍，不问前生不问来世，走在你的时间里，走在只有你自己的胡同里，它已经不属于历史，不属于未来，此刻，它只属于你。

在这里，你听雨滴落在有着凹痕的石台阶上，落在世代相继的懒老婆花上，落在破旧的木桌上、竹椅上，它们都在自己的位置，没有人理会，却每个人都离不开这些，这就是时光的痕迹，在岁月里一步步走过的足迹。

每一条胡同，每一个酒馆，每一处酒吧，它们都在自己的故事里，都有自己的前生今世。不要去追问它们的往事，这往事里，有快乐也有痛苦，有失望也有惊喜，有光荣也有屈辱……这一切，让它们藏在自己的心里，不要拂去历史的尘埃，好像能见出什么样的真实，所有的真实都成了传说。

在这里，不要惊动了那一代代在砖缝石缝里叫个不停的蛐蛐，不要晃动了那瓜棚上的葫芦和丝瓜，不要相信那棵树是谁的手植树，不要以为在银锭桥上见到的西山就是从前的西山，那些古人在这里写下的历史，又被现在的人们书写……此刻，我们守住的是自己心里的明月与清风，感恩的是此刻的阳光与雨露，在这安静的胡同与水边，走累了，慢慢坐下来，看看这一天和四季，想想一年年的时光，带走了我们的青春也带来了我们的成熟，失去了狂躁不安也得到了宁静安逸，淡漠了功名之心也达到了宽和包容。

在后海，这煤厂胡同的向阳的小酒馆里，要一两碟小菜，也许还会要一杯啤酒，或者品一杯牛栏山小二，看走过去的一个个游客，脚步都放得慢慢的，仿佛慢时光停留在了胡同边上画家的油画里，你会感觉此刻也看到了行走在这里的自己，你也会是后海的过客，在画家的画笔下出现，又被另一笔掩盖在了色彩下，一切都是安祥的、平和的、自然的、宁静的。

后海不会留下你来过的痕迹，但是，你的心里从此牵挂着后海，在心里留下了一片安静的一隅，倦了时，让自己藏身这安静里稍事休憩。

2021 年 3 月 17 日